工业和信息产业科技与教育专著出版资金资助出版

基于岗位职业能力培养的高职网络技术专业系列教材建设

PHP网站开发技术

朱 珍 张琳霞 主 编

黄 玲 田 钧 副主编

电子工业出版社·

Publishing House of Electronics Industry

北京·BEIJING

内 容 简 介

PHP 简单易学并且功能强大,是目前开发 Web 应用程序的主要脚本语言。本教材围绕 PHP 程序员岗位能力要求,以一个完整的图书商城项目为背景,按照项目开发流程和学生认知规律来组织教材内容。全书共安排 11 个项目,从项目的分析、开发环境搭建、PHP 基础知识、数据库设计到商城具体功能模块开发,循序渐进,由简入难,系统地介绍了 PHP 的相关知识及其在 Web 应用开发中的实际应用。

本书内容丰富、讲解深入,可作为高职院校计算机专业程序设计相关课程的教材,还可供从事 Web 应用软件开发的程序员作为参考。

图书在版编目(CIP)数据

PHP网站开发技术 / 朱珍, 张琳霞主编. — 北京:电子工业出版社,2014.8

基于岗位职业能力培养的高职网络技术专业系列教材建设

ISBN 978-7-121-23269-5

Ⅰ. ①P… Ⅱ. ①朱… ②张… Ⅲ. ①网页制作工具−高等职业教育−教材 Ⅳ. ①TP393.092

中国版本图书馆CIP数据核字(2014)第105077号

策划编辑:束传政

责任编辑:束传政

特约编辑:田学清   赵海军

印   刷:北京虎彩文化传播有限公司

装   订:北京虎彩文化传播有限公司

出版发行:电子工业出版社

　　　　　北京市海淀区万寿路173信箱　　　邮编:100036

开   本:787×1092   1/16   印张:16   字数:410千字

版   次:2014年8月第1版

印   次:2020年1月第4次印刷

定   价:36.00元

凡所购买电子工业出版社图书有缺损问题,请向购买书店调换。若书店售缺,请与本社发行部联系,联系及邮购电话:(010)88254888。

质量投诉请发邮件至zlts@phei.com.cn,盗版侵权举报请发邮件至dbqq@phei.com.cn。

服务热线:(010)88258888。

编委会名单

编委会主任

吴教育　　教授　　　　阳江职业技术学院院长

编委会副主任

谢赞福　　教授　　　　广东技术师范学院计算机科学学院副院长
王世杰　　教授　　　　广州现代信息工程职业技术学院信息工程系主任

编委会执行主编

石　硕　　教授　　　　广东轻工职业技术学院计算机工程系
郭庚麒　　教授　　　　广东交通职业技术学院人事处处长

委员（排名不分先后）

王树勇　　教授　　　　　广东水利电力职业技术学院教务处处长
张蒲生　　教授　　　　　广东轻工职业技术学院计算机工程系
杨志伟　　副教授　　　　广东交通职业技术学院计算机工程学院院长
黄君美　　微软认证专家　广东交通职业技术学院计算机工程学院网络工程系主任
邹　月　　副教授　　　　广东科贸职业学院信息工程系主任
卢智勇　　副教授　　　　广东机电职业技术学院信息工程学院院长
卓志宏　　副教授　　　　阳江职业技术学院计算机工程系主任
龙　翔　　副教授　　　　湖北生物科技职业学院信息传媒学院院长
邹利华　　副教授　　　　东莞职业技术学院计算机工程系副主任
赵艳玲　　副教授　　　　珠海城市职业技术学院电子信息工程学院副院长
周　程　　高级工程师　　增城康大职业技术学院计算机系副主任
刘力铭　　项目管理师　　广州城市职业学院信息技术系副主任
田　钧　　副教授　　　　佛山职业技术学院电子信息系副主任
王跃胜　　副教授　　　　广东轻工职业技术学院计算机工程系
黄世旭　　高级工程师　　广州国为信息科技有限公司副总经理

秘书

束传政　电子工业出版社　rawstone@126.com

PHP 是开发 Web 应用系统最理想的工具，易于使用、功能强大、成本低廉、高安全性、开发速度快且执行灵活。全球数百万运行着 PHP 程序的站点证明了它的流行程度和易用性。程序员和 Web 设计师都喜欢 PHP，前者喜欢 PHP 的灵活性和速度，后者则喜欢它的易用和方便。

本书在内容的编排及任务的组织上十分考究，全书围绕 PHP 程序员岗位能力要求，以一个完整的网上购物系统项目为载体来组织内容，增强教材的可读性和可操作性，激发学生的学习兴趣，争取让读者在短时间内掌握 PHP 开发动态网站的常用技术和方法，从而为以后的就业打好基础。

本书共安排 11 个项目，以两个"网上购物系统"和"BBS 管理系统"作为案例背景，前者用作知识讲解的案例背景，后者则用作读者的单元练习。学练结合，利于读者理解知识和掌握应用。在表述方式上，采用案例驱动、分析解决问题的方式，由浅入深，展开知识点的讲述，每个任务的案例既有各自的主题，又相互关联，在讲解案例的同时，融合了软件工程、数据库设计、界面设计等知识，真正做到了 PHP 课程的项目化教学。

全书共分三个部分，项目 1~4 为 Web 网站开发的基础知识，项目 5~8 详细阐述网上购物系统如何具体实现，项目 9 和 10 阐述了面向对象的技术和 Smarty 模板技术并用框架技术实现网站项目开发。本书的具体内容如下。

项目 1：网上购物系统分析与规划设计，主要讲述网站开发的基本过程、系统结构设计方法和页面设计的规划方法。

项目 2：网上购物系统开发环境搭建，主要讲述 PHP、Apache、MySQL 相关知识，在 Windows 下进行 PHP+Apache+MySQL 服务器的安装与配置。

项目 3：网上购物系统前台界面设计，主要讲述 DreamWeaver 网站建设基础，PHP 基本的语法介绍，完成网上购物系统前台界面设计。

项目 4：网上购物系统数据库设计，主要讲述如何利用 MySQL 数据库进行数据表的创建和管理，利用 phpMyAdmin 进行数据库的创建和管理。

项目 5：网上购物系统商品展示模块制作，主要讲述如何利用 PHP 访问 MySQL 数据库，利用 PHP 对数据表和记录等进行增删改查等操作。

项目 6：系统用户管理模块，主要讲述利用 Session 实现多页面之间的信息传递，创建 Cookie 及读取和删除信息，利用相关技术实现用户的登录和注册功能。

项目 7：商品订购与结算模块制作，主要讲述利用 PHP 如何接收表单传递的数据及相关函数的技术，实现商品的结算功能。

项目 8：购物系统商品用户后台模块，主要讲述文件上传的操作及文本文件的操作等，实现商品的上传及管理。

项目 9：面向对象在网上购物系统中的应用，主要讲述面向对象技术的知识及应用。

项目 10：Smarty 模板技术在网上购物系统中的应用，主要讲述 Smarty 模板技术和 ThinkPHP 框架技术等，能利用 Smarty 技术和框架实现商品的展示功能。

项目 11：PHP 程序开发范例，主要讲述 PHP+MySQL 项目开发流程，利用 PHP+MySQL 进行项目的设计与程序编写。

本书由朱珍、张琳霞主编，黄玲、田钧任副主编，其中项目 1 和 7 由朱珍编写，项目 4 和 11 由张琳霞编写，项目 2、5、10 由黄玲编写，项目 3 由陆晓梅编写，项目 6、8、9 由毛铅编写。全书由朱珍统稿，田钧审稿。本书相关资源可登录华信教学资源网（www.hxedu. com.cn）下载。

由于编者水平有限，文中难免有不妥之处，恳请广大读者批评指正。

编　者

2014 年 6 月

目录

Contents

网上购物系统分析与规划设计

 学习目标

在开发基于 Web 应用程序项目时，必须经过项目的可行性分析、需求分析、总体设计、数据库设计、界面设计、详细设计、测试等过程。本项目主要通过讲解 Web 应用基础知识、网站开发模式、网站开发的基本过程等内容，让读者掌握系统需求分析和总体设计的方法。

 知识目标

- 掌握Web基础知识及工作原理
- 掌握网站开发的模式
- 掌握网站开发的流程

- 掌握系统需求分析的方法
- 掌握系统总体设计的方法

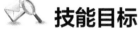 **技能目标**

- 能对系统进行需求分析

- 能对系统进行总体设计

项目背景

近年来，随着 Internet 的迅速崛起，互联网已日益成为收集信息的最佳、最快的渠道，并快速进入传统的流通领域。互联网的跨地域性、可交互性、全天候性使其在与传统媒体行业和传统贸易行业的竞争中具有不可抗拒的优势，因而发展十分迅速。在电子商务在中国逐步兴起的大环境下，越来越多的人开始选择在网上购物，其中包括所有日常生活用品及食品、服装等。通过在网上订购商品，可以由商家直接将商品运送给收货人，节省了消费者亲自去商店挑选商品的时间。网上购物具有省时、省事、省心等特点，让顾客足不出户就可以购买到自己满意的商品。

项目描述

要制作一个网上购物系统，首先要进行系统的需求分析和总体设计。本项目包含 3 个任务，网上购物系统的设计流程分析、需求设计和总体设计。

任务1-1 网站开发流程设计

 任务描述

本任务通过介绍 Web 基础知识及工作原理、网站开发模式，让读者掌握网站开发的流程，同时了解该流程对应的工作岗位等。

 知识储备

1.1.1 Web基础知识及工作原理

1．静态网页与动态网页

早期的 Web 网站以提供信息为主要功能，设计者事先将固定的文字及图片放入网页中，这些内容只能由设计者手工更新，这种类型的页面称为"静态网页"。静态网页文件的扩展名通常为 htm 或 html。

然而，随着应用的不断增强，网站需要与浏览者进行必要的交互，从而为浏览者提供更为个性化的服务。因此 HTML 3.2 提供了一些表现动态内容的标记，本书前面提到的 <form> 标签和其他一些表单控件标签就是此类标记。例如，<input></input> 标签可以提供一个文本框或按钮。有了这些基本元素，Web 服务器就能通过 Web 请求了解用户的输入操作，从而对此操作做出相应的响应。由于整个过程中页面的内容会随着操作的不同而变化，因此通常将这种交互式的网页称为"动态网页"。

2．客户端动态技术

在客户端模型中，附加在浏览器上的模块（如插件）完成创建动态网页的全部工作。采用的主要技术如下。

（1）JavaScript：JavaScript 是一种脚本语言，主要控制浏览器的行为和内容。它依赖于内置于浏览器中的称为脚本引擎的模块。

（2）VBScript：与 JavaScript 类似，但仅 IE 支持。

（3）ActiveX 控件：ActiveX 控件是一个组件，用高级语言编写，可以嵌入网页并提供特殊的客户端功能，如计时器、条形图、数据库访问、客户端文件访问、网络功能等。ActiveX 控件依赖于浏览器中安装的 ActiveX 插件，IE 默认安装该插件，但 Netscape 需另外安装插件。

（4）Java 小应用程序（JavaApplet）：与 ActiveX 控件类似，比 JavaScript 的功能更强大，支持跨平台。JavaApplet 依赖于浏览器中安装的 Java 虚拟机（Java Visual Machine，JVM）才能运行。

3．服务器端客户技术

（1）CGI

公共网关接口（Common Gateway Interface，CGI），是添加到 Web 服务器的模块，提供了在服务器上创建脚本的机制。CGI 允许用户调用 Web 服务器上的另一个程序（如 Perl 脚本）来创建动态 Web 页，且 CGI 的作用是将用户提供的数据传递给该程序进行处理，以创建动态 Web 应用程序。CGI 可以运行于许多不同的平台（如 UNIX 等）。不过 CGI 存在不易编写、消耗服务器资源较多的缺点。

（2）JSP

JSP 页面（Java Server Pages），是一种允许用户将 HTML 或 XML 标记与 Java 代码相组合，从而动态生成 Web 页的技术。JSP 允许 Java 程序利用 Java 平台的 JavaBeans 和 Java 库，运行速度比 ASP 快，具有跨平台特性。已有允许用户在 IIS 服务器中使用 JSP 的插件模块。

（3）PHP

PHP 技术是指 PHP 超文本预处理程序（Hyper Text Processor）。它起源于个人主页（Personal Home Pages），使用一种创建动态 Web 页的脚本语言，语法类似 C 语言和 Perl 语言。PHP 是开放源代码和跨平台的，可以在 Windows NT 和 UNIX 上运行。PHP 的安装较复杂，会话管理功能不足。

（4）ASP.NET

ASP.NET 是一种基于 .NET 框架开发动态网页的新技术，它依赖于 Web 服务器上的 ASP.NET 模块（aspnet_isapi.dll 文件），但该模块本身并不处理所有工作，它将一些工作传递给 .NET 框架进行处理。它允许使用多种面向对象语言编程，如 VB.NET、C#、C++、JScript.NET 和 J#.NET 语言等。

4．Web 工作原理

Web 服务器的工作流程是：用户通过 Web 浏览器向 Web 服务器请求一个资源，当 Web 服务器接收到这个请求后，将替用户查找该资源，然后将结果返回给 Web 浏览器。所请求的资源的内容多种多样，可以是普通的 HTML 页面、音频文件、视频文件或图片等。

用户单击超链接或在浏览器地址栏中输入网页的地址，此时浏览器将该信息转换成标准的 HTTP 请求并发送给 Web 服务器。其次，当 Web 服务器接收到 HTTP 请求后，根据请求的内容，查找所需的信息资源，找到相应的资源后，Web 服务器将该部分资源通过标准的 HTTP 响应发送回浏览器。最后，浏览器接收到响应后，将 HTML 文档显示出来。Web 服务器的工作流程如图 1-1 所示，PHP 网站运行原理如图 1-2 所示。

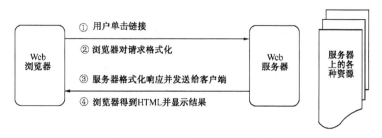

图1-1　Web服务器的工作流程

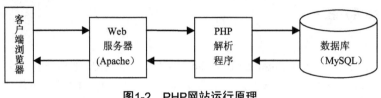

图1-2　PHP网站运行原理

1.1.2　网站开发模式

1．C/S 与 B/S 架构

Client/Server（客户机 / 服务器），比如 QQ，最大的问题是不易于部署，每台要使用的机器都要进行安装。另外，软件对于客户机的操作系统也有要求。一旦升级或机器重装，必须重装系统。

Browser/Server（浏览器 / 服务器），易于部署，但处理速度慢，且有烦琐的界面刷新。B/S 架构基于 HTTP 协议，没有 HTTP，就不会有浏览器存在。

PHP 正是用于开发 B/S 系统，优点如下。

（1）易用性好：用户使用单一的 Browser 软件，通过鼠标即可访问文本、图像、声音、视频及数据库等信息，特别适合非计算机人员使用。

（2）易于维护：由于用户端使用了浏览器，无须专用的软件，系统的维护工作简单 。对于大型的管理信息系统，软件开发、维护与升级的费用非常高，B/S 模式所具有的框架结构可以大大节省这些费用，同时，B/S 模式对前台客户机的要求并不高，可以避免盲目进行硬件升级造成的巨大浪费。

（3）信息共享度高：HTML 是数据格式的一个开放标准，目前大多数流行的软件均支持HTML，同时 MIME 技术使得 Browser 可访问除 HTML 之外的多种格式文件。

（4）扩展性好：Browse/Server 模式使用标准的 TCP/IP 、HTTP，能够直接接入 Internet，具有良好的扩展性 。由于 Web 的平台无关性，B/S 模式结构可以任意扩展，可以从一台服务器、几个用户的工作组级扩展成为拥有成千上万用户的大型系统。

（5）安全性好：通过配备防火墙，将保证现代企业网络的安全性 。

2．Web 应用的三层结构

Web 应用的三层结构是指：表现层、中间业务层和数据访问层。其中，表现层是位于最外层（最上层），离用户最近，用于显示数据和接收用户输入的数据，为用户提供一种交互式操作的界面。中间业务层负责处理用户输入的信息，或者将这些信息发送给数据访问层进行保存，或者调用数据访问层中的函数再次读出这些数据。中间业务层也可以包括一些对"商业逻辑"描述的代码。数据访问层仅实现对数据的保存和读取操作。数据访问，可以访问数据库系统、二进制文件、文本文档或 XML 文档。

用最简单的术语来说，Web 应用就是一个允许其用户利用 Web 浏览器执行业务逻辑的Web 系统，其有强大的后台数据库的支持，使得其内容具有动态性。

1.1.3 开发流程及规范

每个开发人员都按照一个共同的规范去设计、沟通、开发、测试和部署，才能保证整个开发团队协调一致地工作，从而提高开发工作效率，提升工程项目质量。下面介绍几个项目开发的规范。

1. 项目的角色划分

如果不包括前、后期的市场推广和产品销售人员，开发团队一般可以划分为项目负责人、程序员和美工三个角色。

项目负责人又称为项目经理，负责项目的人事协调、时间进度等安排，以及处理一些与项目相关的其他事宜。程序员主要负责项目的需求分析、策划、设计、代码编写、网站整合、测试、部署等环节的工作。美工负责网站的界面设计、版面规划，把握网站的整体风格。如果项目比较大，可以按照三种角色将人员进行分组。

角色划分是 Web 项目技术分散性甚至地理分散性特点的客观要求，分工的结果还可以明确工作责任，最终保证了项目的质量。分工带来的负效应就是增加了团队沟通、协调的成本，给项目带来一定的风险。所以项目经理的协调能力显得十分重要，程序开发人员和美工在项目开发的初期和后期，都必须有充分的交流，共同完成项目的规划、测试和验收。

2. 项目开发流程

项目确定后，根据需求分析、总体设计，程序员进行数据库设计。美工根据内容表现的需要，设计静态网页和其他动态网页界面框架，同时，程序员着手开发后台程序代码，做一些必要的测试。美工界面完成后，由程序员添加程序代码，整合网站。由项目组共同联调测试，发现 Bug，完善一些具体的细节。制作帮助文档、用户操作手册。向用户交付必要的产品设计文档。然后进行网站部署、客户培训。最后进入网站维护阶段。

 ## 任务实施与测试

本项目是一个动态网站的开发项目，项目流程设计如图 1-3 所示。

图1-3 网站开发流程图

在动态网站开发中详细设计包含数据库设计与界面设计。

 ## 任务拓展

分组讨论系统开发的流程。

 任务1-2　网上购物系统功能需求分析

 任务描述

根据对网上购物系统进行调查分析，得到系统的功能需求分析。主要分为商品管理、购物车管理、用户管理等功能需求。

知识储备

1.2.1　需求分析定义

所谓"需求分析"，是指对要解决的问题进行详细的分析，弄清楚问题的要求，包括需要输入什么数据，要得到什么结果，最后应输出什么。可以说，在软件工程当中的"需求分析"就是确定要计算机"做什么"，要达到什么样的效果。需求分析是做系统之前必须做的。

在软件工程中，需求分析指的是在建立一个新的或改变一个现存的电脑系统时描写新系统的目的、范围、定义和功能时所要做的所有的工作。需求分析是软件工程中的一个关键过程。在这个过程中，系统分析员和软件工程师确定顾客的需要。只有在确定了这些需要后他们才能够分析和寻求新系统的解决方法。需求分析阶段的任务是确定软件系统功能。

在软件工程的历史中，很长时间里人们一直认为需求分析是整个软件工程中最简单的一个步骤，但在过去十年中越来越多的人认识到它是整个过程中最关键的一个过程。假如在需求分析时分析者未能正确地认识到顾客的需要，那么最后的软件实际上不可能达到顾客的需要，或者软件无法在规定的时间内完工。

1.2.2　需求分析特点

需求分析是一项重要的工作，也是最困难的工作。该阶段工作有以下特点。

1．供需交流困难

在软件生存周期中，其他四个阶段都是面向软件技术问题，只有本阶段是面向用户的。需求分析是对用户的业务活动进行分析，明确在用户的业务环境中软件系统应该"做什么"。但是在开始时，开发人员和用户双方都不能准确地提出系统要"做什么？"。因为软件开发人员不是用户问题领域的专家，不熟悉用户的业务活动和业务环境，又不可能在短期内搞清楚；而用户不熟悉计算机应用的有关问题。由于双方互相不了解对方的工作，又缺乏共同语言，所以在交流时存在隔阂。

2．需求动态化

对于一个大型而复杂的软件系统，用户很难精确完整地提出它的功能和性能要求。一开始只能提出一个大概、模糊的功能，只有经过长时间的反复认识才逐步明确。有时进入到设计、编程阶段才能明确，更有甚者，到开发后期还在提新的要求。这无疑给软件开发带来困难。

3．后续影响复杂

需求分析是软件开发的基础。假定在该阶段发现一个错误，解决它需要用 1 小时的时间，到设计、编程、测试和维护阶段解决，则要花 2.5、5、25 甚至 100 倍的时间。

因此，对于大型复杂系统而言，首先要进行可行性研究。开发人员对用户的要求及现实环境进行调查、了解，从技术、经济和社会因素三个方面进行研究并论证该软件项目的可行性，根据可行性研究的结果，决定项目的取舍。

1.2.3　数据要求

任何一个软件本质上都是信息处理系统，系统必须处理的信息和系统应该产生的信息很大程度上决定了系统的面貌，对软件设计有深远的影响，因此，必须分析系统的数据要求，这是软件分析的一个重要任务。分析系统的数据要求通常采用建立数据模型的方法。

复杂的数据由许多基本的数据元素组成，数据结构表示数据元素之间的逻辑关系。

利用数据字典可以全面地定义数据，但是数据字典的缺点是不够直观。为了提高可理解性，常常利用图形化工具辅助描述数据结构。用到的图形工具有层次方框图和 Warnier 图。

1．逻辑模型

综合上述两项分析的结果可以导出系统详细的逻辑模型，通常用数据流图、E-R 图、状态转换图、数据字典和主要的处理算法描述这个逻辑模型。

2．修正计划

根据在分析过程中获得的对系统的更深入的了解，可以比较准确地估计系统的成本和进度，修正以前定制的开发计划。

3．方法

需求分析的传统方法有面向过程自上向下分解的方法、数据流分析结构化分析方法、面向对象驱动的方法等。

4．常用类型

需求分析的常用类型有：

（1）跟班作业。通过亲身参加业务工作来了解业务活动的情况。这种方法可以比较准确地理解用户的需求，但比较耗费时间。

（2）开调查会。通过与用户座谈来了解业务活动情况及用户需求。座谈时，参加者之间可以相互启发。

（3）请专人介绍。

（4）询问。对某些调查中的问题，可以找专人询问。

（5）设计调查表请用户填写。如果调查表设计得合理，这种方法很有效，同时也很易于为用户所接受。

（6）查阅记录。查阅记录即查阅与原系统有关的数据记录，包括原始单据、账簿、报表等。

通过调查了解了用户需求后，还需要进一步分析和表达用户的需求。

1.2.4　需求分析的任务

需求分析的任务是通过详细调查现实世界要处理的对象，充分了解原系统的工作概况，明确用户的各种需求，然后在此基础上确定新系统的功能，确定对系统的综合要求。虽然功能需求是对软件系统的一项基本需求，但却并不是唯一的需求，通常对软件系统的需求是功能需求、性能需求、约束需求等方面的综合要求。

在需求阶段的主要任务有如下三方面。

1．问题识别

双方确定对问题的综合需求，这些需求包括：功能需求、性能需求、环境需求和用户界面需求，另外还有可靠性、安全性、保密性、可移植性、可维护性等方面的需求。

2．分析与综合，导出软件的逻辑模型

分析人员对获取的需求，进行一致性的分析检查，在分析、综合中逐步细化软件功能，划分成各个子功能。这里也包括对数据域进行分解，并分配到各个子功能上，以确定系统的构成及主要成分，并用图文结合的形式，建立起新系统的逻辑模型。

3．编写文档

编写需求规格说明书、编写初步用户使用手册、编写确认测试计划、修改完善软件开发计划。

1.2.5　广州天河客运站售票系统需求分析

下面以广州天河客运站售票系统为例讲解需求分析过程。

1．需求分析报告的编写目的

本需求分析报告的目的是规范化本软件的编写，旨在提高软件开发过程中的能见度，便于对软件开发过程的控制与管理，同时提出了本客运站售票系统的软件开发过程，便于程序员与客户之间的交流、协作，并作为工作成果的原始依据，同时也表明了本软件的共性，以期能够获得更大范围的应用。

2．产品背景明细

软件名称：广州天河客运站售票系统

3. 缩写及缩略语

完成一个客运站售票系统所需要的基本元素为构成售票及相关行为所必需的各个部分。

需求：用户解决问题或达到目标所需的条件或功能；系统或系统部件要满足合同、标准、规范或其他正式规定文档所需具有的条件或权能。

需求分析：包括提炼、分析和仔细审查已收集到的需求，以确保所有的风险承担者都明白其含义并找出其中的错误、遗憾或其他不足的地方。

模块的独立性：是指软件系统中每个模块只涉及软件要求的具体子功能，而和软件系统中其他的模块的接口是简单的。

本工程描述：

（1）软件开发的目标。完善客运站售票系统，使之能跟上时代的发展。同时通过实践来提高自己的动手能力。

（2）应用范围。理论上能够实现售票系统，其目的在于在原有的系统基础上使得客运站售票实名化，以期实现弥补客运站售票的各种缺陷。

1.2.6 需求分析的原则

客户与开发人员交流需要好的方法。下面介绍几个需求分析的原则来帮助客户和开发人员对需求达成共识。如果遇到分歧，可以通过协商达成对各自义务的相互理解。具体原则如下：

1. 分析人员要使用符合客户语言习惯的术语

需求讨论集中于业务需求和任务，因此要使用术语。客户应将有关术语（如采价、印花商品等采购术语）教给分析人员，而客户不一定要懂得计算机行业的术语。

2. 分析人员要了解客户的业务及目标

只有分析人员更好地了解客户的业务，才能使产品更好地满足需要。这将有助于开发人员设计出真正满足客户需要并达到期望的优秀软件。为帮助开发和分析人员，客户可以考虑邀请他们观察自己的工作流程。如果是切换新系统，那么开发和分析人员应使用一下旧系统，有利于他们明白系统是怎样工作的，其流程情况及可供改进之处。

3. 分析人员必须编写软件需求报告

分析人员应将从客户那里获得的所有信息进行整理，以区分业务需求及规范、功能需求、质量目标、解决方法和其他信息。通过这些分析，客户就能得到一份"需求分析报告"，此份报告使开发人员和客户之间针对要开发的产品内容达成协议。报告应以一种客户认为易于翻阅和理解的方式组织编写。客户要评审此报告，以确保报告内容准确完整地表达其需求。一份高质量的"需求分析报告"有助于开发人员开发出真正需要的产品。

4. 要求得到需求工作结果的解释说明

分析人员可能采用了多种图表作为文字性"需求分析报告"的补充说明，因为工作图表能很清晰地描述出系统行为的某些方面，所以报告中各种图表有着极高的价值；虽然它们不太难于理解，但是客户可能对此并不熟悉，因此客户可以要求分析人员解释说明每个图表的作用、符号的意义和需求开发工作的结果，以及怎样检查图表有无错误及不一致等。

5．开发人员要尊重客户的意见

如果用户与开发人员之间不能相互理解，那么关于需求的讨论将会有障碍。共同合作能使大家"兼听则明"。参与需求开发过程的客户有权要求开发人员尊重他们并珍惜他们为项目成功所付出的时间，同样，客户也应对开发人员为项目成功这一共同目标所做出的努力表示尊重。

6．开发人员要对需求及产品实施提出建议和解决方案

通常客户所说的"需求"已经是一种实际可行的实施方案，分析人员应尽力从这些解决方案中了解真正的业务需求，同时还应找出已有系统与当前业务不符之处，以确保产品不会无效或低效；在彻底弄清业务领域内的事情后，分析人员才能提出相当好的改进方法，有经验且有创造力的分析人员还能提出增加一些用户没有发现的很有价值的系统特性。

7．描述产品使用特性

客户可以要求分析人员在实现功能需求的同时还注意软件的易用性，因为这些易用特性或质量属性能使客户更准确、高效地完成任务。例如，客户有时要求产品要"界面友好"、"健壮"或"高效率"，但对于开发人员来讲，有些要求并无实用价值。正确的做法是，分析人员通过询问和调查了解客户所要的"友好、健壮、高效"所包含的具体特性，具体分析哪些特性对哪些特性有负面影响，在性能代价和所提出解决方案的预期利益之间做出权衡，以确保做出合理的取舍。

8．允许重用已有的软件组件

需求通常有一定灵活性，分析人员可能发现已有的某个软件组件与客户描述的需求很相符，在这种情况下，分析人员应提供一些修改需求的选择以便开发人员能够降低新系统的开发成本和节省时间，而不必严格按原有的需求说明开发。所以，如果想在产品中使用一些已有的商业常用组件，而它们并不完全适合客户所需的特性，这时一定程度上的需求灵活性就显得极为重要。

9．要求对变更的代价提供真实可靠的评估

当有不同的选择时，对需求变更的影响进行评估从而对业务决策提供帮助，是十分必要的。所以，客户有权利要求开发人员通过分析给出一个真实可信的评估，包括影响、成本和得失等。开发人员不能由于不想实施变更而随意夸大评估成本。

10．获得满足客户功能和质量要求的系统

每个人都希望项目成功，但这不仅要求客户能清晰地告知开发人员关于系统"做什么"所需的所有信息，而且还要求开发人员能通过交流了解清楚取舍与限制，一定要明确说明客

户的假设和潜在的期望，否则，开发人员开发出的产品很可能无法让其满意。

11．客户给分析人员讲解业务

分析人员要依靠客户讲解业务概念及术语，但客户不能指望分析人员会成为该领域的专家，而只能让他们明白客户的问题和目标；不要期望分析人员能把握客户业务的细微潜在之处，他们可能不知道那些对于客户来说是"常识"的知识。

12．抽出时间清楚地说明并完善需求

客户很忙，但无论如何客户有必要抽出时间参与"头脑高峰会议"的讨论，接受采访或其他获取需求的活动。有些分析人员可能先明白了客户的观点，而过后发现还需要客户的讲解，这时客户应耐心对待一些需求和需求的精化工作过程中的反复，因为这是人们交流中很自然的现象，何况这对软件产品的成功极为重要。

13．准确而详细地说明需求

编写一份清晰、准确的需求文档是很困难的。由于处理细节问题不但烦琐而且耗时，因此很容易产生模糊不清的需求。但是在开发过程中，必须解决这种模糊性和不准确性，而客户恰恰是为解决这些问题作出决定的最佳人选，否则，就只能靠开发人员去正确推测了。

在需求分析中暂时加上"待定"标志是个方法。用该标志可指明哪些是需要进一步讨论、分析或增加信息的地方，有时也可能因为某个特殊需求难以解决或没有人愿意处理它而标注"待定"。客户要尽量将每项需求的内容都阐述清楚，以便分析人员能准确地将它们写进"软件需求报告"中。如果客户一时不能准确表达，通常就要求用原型技术，通过原型开发，客户可以同开发人员一起反复修改，不断完善需求定义。

14．及时作出决定

分析人员会要求客户作出一些选择和决定，这些决定来自多个用户提出的处理方法或在质量特性冲突和信息准确度中选择折中方案等。有权作出决定的客户必须积极地对待这一切，尽快做处理，做决定，因为开发人员通常只有等客户作出决定才能行动，而这种等待会延误项目的进展。

15．尊重开发人员的需求可行性及成本评估

所有的软件功能都有其成本。客户所希望的某些产品特性可能在技术上行不通，或者实现它要付出极高的代价，而某些需求试图达到在操作环境中不可能达到的性能，或试图得到一些根本得不到的数据。开发人员会对此作出负面的评价，客户应该尊重他们的意见。

16．划分需求的优先级

绝大多数项目没有足够的时间或资源实现功能性的每个细节。决定哪些特性是必要的，哪些是重要的，是需求开发的主要部分，这只能由客户负责设定需求优先级，因为开发者不

可能按照客户的观点决定需求优先级；开发人员将为客户确定优先级提供有关每个需求的花费和风险的信息。

在时间和资源限制下，关于所需特性能否完成或完成多少应尊重开发人员的意见。尽管没有人愿意看到自己所希望的需求在项目中未被实现，但毕竟要面对现实，业务决策有时不得不依据优先级来缩小项目范围或延长工期，或增加资源，或在质量上寻求折中。

17．评审需求文档和原型

客户评审需求文档，是给分析人员带来反馈信息的一个机会。如果客户认为编写的"需求分析报告"不够准确，就有必要尽早告知分析人员并为改进提供建议。更好的办法是先为产品开发一个原型。这样客户就能提供更有价值的反馈信息给开发人员，使他们更好地理解其需求；原型并非是一个实际应用产品，但开发人员能将其转化、扩充成功能齐全的系统。

18．需求变更要立即联系

不断的需求变更会给在预定计划内完成的质量产品带来严重的不利影响。变更是不可避免的，但在开发周期中，变更越在晚期出现，其影响越大；变更不仅会导致代价极高的返工，而且工期将被延误，特别是在大体结构已完成后又需要增加新特性时。所以，一旦客户发现需要变更需求时，应立即通知分析人员。

19．遵照开发小组处理需求变更的过程

为将变更带来的负面影响减少到最低限度，所有参与者必须遵照项目变更控制过程。这要求不放弃所有提出的变更，对每项要求的变更进行分析、综合考虑，最后做出合适的决策，以确定应将哪些变更引入项目中。

20．尊重开发人员采用的需求分析过程

软件开发中最具挑战性的莫过于收集需求并确定其正确性，分析人员采用的方法有其合理性。也许客户认为收集需求的过程不太划算，但应相信花在需求开发上的时间是非常有价值的；如果客户理解并支持分析人员为收集、编写需求文档和确保其质量所采用的技术，那么整个过程将会更为顺利。

1.2.7　需求确认

在"需求分析报告"上签字确认，通常被认为是客户同意需求分析的标志行为，然而实际操作中，客户往往把"签字"看作毫无意义的事情。"他们要我在需求文档的最后一行下面签字，于是我就签了，否则这些开发人员不开始编码。"这种态度将带来麻烦，譬如客户想更改需求或对产品不满时就会说："不错，我是在需求分析报告上签了字，但我并没有时间去读完所有的内容，我是相信你们的，是你们非让我签字的。"同样问题也会发生在仅把"签字确认"看作完成任务的分析人员身上，一旦有需求变更出现，他便指着"需求分析报告"说："您已经在需求上签字了，所有这些就是我们所开发的，如果您想要别的什么，您应早些告诉我们。"

这两种态度都是不对的。因为不可能在项目的早期就了解所有的需求，而且毫无疑问的是需求将会出现变更，在"需求分析报告"上签字确认是终止需求分析过程的正确方法，所以客户及分析人员必须明白签字意味着什么。

对"需求分析报告"的签字是建立在一个需求协议的基线上，因此对签字应该这样理解："我同意这份需求文档表述了我们对项目软件需求的了解，进一步的变更可在此基线上通过项目定义的变更过程来进行。我知道变更可能会使我们重新协商成本、资源和项目阶段任务等事宜。"对需求分析达成一定的共识会使双方易于忍受将来的摩擦，这些摩擦来源于项目的改进和需求的误差，或市场和业务的新要求等。需求确认将迷雾拨散，显现需求的真面目，给初步的需求开发工作画上双方都明确的句号，并有助于形成一个持续良好的客户与开发人员关系。

任务实施与测试

根据上述知识点调查分析网上购物系统的功能需求，系统主要实现商品展示、商品查询、商品购买等功能。主要模块有商品信息管理模块、购物车管理模块和用户管理模块等。系统分为前台和后台两部分，

1. 前台主要功能模块

商品信息管理模块：该模块主要实现商品的展示和搜索。用户进入网上商城可以分类查看最新的商品信息，可以按商品名称、商品型号等快速查询所需的商品信息的功能。

购物车管理模块：该模块主要实现购物车的生成和订单的管理。当用户选择购买某种商品时，可以将对应商品信息，如价格、数量等添加到购物车中，并允许用户返回到其他商品信息查询页面，继续选择其他商品。同时用户还应该可以在购物车中执行删除商品、添加商品等操作。购物车的订单生成后，购物车的信息自动删除。系统可以实现收银台结账和发货管理。用户也可以随时进入订单管理页面,查询与自己相关的订单信息，并可以随时取消订单。

用户管理模块：该模块实现用户注册、登录、资料修改等功能。用户注册为会员后就可以使用在线购物的功能。

2. 后台主要功能模块

商品基本信息管理：为了确保网上商城各种商品信息的实效性，管理人员可以借助该模块随时增加新的商品信息，同时亦可以对原有的商品进行修改及删除等操作。通过该模块，网站管理人员可以根据需要增加新的商品类别，也可以对已有的商品分类进行修改、删除等操作。

订单管理：管理人员可以借助该模块查询订单信息，以便与网站配货人员依据订单信息进行后续的出货、送货的处理。对于已经处理过的订单，也应该保留历史记录，以便于管理人员进行查询。

会员信息管理：管理人员可以在该模块中查询对应的用户信息，并可以添加用户，删除指定用户的相关信息。

任务拓展

（1）分组讨论，细化并分析每个功能模块的需求。

（2）查阅文献、资料，分组讨论前、后台功能的区别。

（3）撰写网上购物系统的需求规格说明书。

任务1-3　网上购物系统总体设计

任务描述

根据网上购物系统的需求分析进行系统总体设计，画出系统总体功能结构图和系统流程图。

知识储备

1.3.1　总体设计的任务

系统总体设计的基本目的就是回答"概括的话，系统该如何实现？"这个问题。在这个阶段主要完成两个方面的工作：

（1）划分出组成系统的物理元素——程序、文件、数据库、人工过程和文档等。

（2）设计系统的结构，确定系统中每个程序由哪些模块组成，以及这些模块相互间的关系。制作出系统总体功能结构图。

1.3.2　总体设计的工作步骤

系统总体设计阶段的工作步骤主要有以下几个方面：

（1）寻找实现系统的各种不同的解决方案，参照需求分析阶段得到的数据流图来做。

（2）分析员从这些供选择的方案中选出若干个合理的方案进行分析，为每个方案都准备一份系统流程图，列出组成系统的所有物理元素，进行成本\效益分析，并且制订这个方案的进度计划。

（3）分析员综合分析、比较这些合理的方案，从中选择一个最佳方案向用户和使用部门负责人推荐。

（4）对最终确定的解决方案进行优化和改进，从而得到更合理的结构，进行必要的数据库设计，确定测试要求并且制订测试计划。

从上面的叙述中不难看出，在详细设计之前先进行总体设计的必要性：可以站在全局的高度，花较少成本，从较抽象的层次上分析对比多种可能的实现方案和软件结构，从中选择最佳方案和最合理的软件结构，从而用较低成本开发出较高质量的软件系统。

1.3.3 总体设计的原则

下面介绍在进行系统总体设计时的几个原则。

1. 模块化设计的原则

模块是由边界元素限定的相邻程序元素的序列。模块是构成程序的基本构件。模块化是把复杂的问题分解成许多容易解决的小问题，原来的问题也就容易解决了。

在软件设计中进行模块化设计可以使软件结构清晰，不仅容易设计也容易阅读和理解。模块化的设计方法容易测试和调试，从而提高软件的可靠性和可修改性，有助于软件开发工程的组织管理。

2. 抽象设计的原则

人类在认识复杂现象的过程中一个最强有力的思维工具就是抽象。人们在实践中认识到，在现实世界中一定事物、状态和过程之间总存在某些相似的方面（共性）。把这些相似的方面集中和概括起来，暂时忽略它们之间的差异，这就是抽象。或者说抽象就是考虑事物间被关注的特性而不考虑它们其他的细节。

由于人类思维能力的限制，如果每次面临的因素太多，是不可能做出精确思维的。处理复杂系统的唯一有效的方法是用层次的方法构造和分析它。软件工程的每一步都是对软件解法的抽象层次的一次精化。

3. 信息隐藏和局部化设计的原则

在设计模块时应尽量使得一个模块内包含的信息对于不需要这些信息的模块来说，是不能访问的。局部化是指把一些关系密切的软件元素物理地放得彼此靠近。局部化的概念和信息隐藏概念是密切相关的，

如果在测试期间和以后的软件维护期间需要修改软件，那么信息隐藏原理作为模块化系统设计的标准就会带来极大好处。它不会把影响扩散到别的模块。

4. 模块独立设计的原则

模块独立是模块化、抽象、信息隐藏和局部化概念的直接结果。模块独立有两个明显的好处：第一，有效的模块化的软件比较容易开发出来，而且适于团队进行分工开发。第二，独立的模块比较容易测试和维护。

模块的独立程度可以由两个定性标准度量：内聚和耦合。耦合是指不同模块彼此间互相依赖的紧密程度；内聚是指在模块内部各个元素彼此结合的紧密程度。

在软件设计中应该追求尽可能松散的系统。这样的系统中可以研究、测试和维护任何一个模块，不需要对系统的其他模块有很多了解。模块间的耦合程度强烈影响系统的可理解性、可测试性、可靠性和可维护性。

在系统设计时力争做到高内聚、低耦合。通过修改设计提高模块的内聚程度、降低模块间的耦合程度，从而获得较高的模块独立性。

5．优化设计的原则

要在设计的早期阶段尽量对软件结构进行精化。设计优化应该力求做到在有效的模块化的前提下使用最少量的模块，以及在能够满足信息要求的前提下使用最简单的数据结构。可以设计出不同的软件结构，然后对其进行评价和比较，力求得到"最好"的结果。

 任务实施与测试

（1）根据上述知识点对网上购物系统进行总体设计，制作系统总体功能结构图。

本系统分前台、后台两部分。前台功能主要包括：

- 商品显示、商品类别显示、商品搜索、商品分页显示、商品推荐。
- 购物车管理、订单管理。
- 用户登录、注册、用户信息修改。

系统主要模块有商品信息管理、购物车管理、用户管理三大模块，其前台功能结构图如图 1-4 所示。

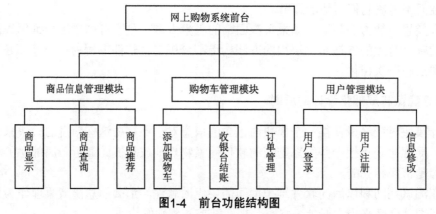

图1-4　前台功能结构图

后台主要方便管理员对系统信息进行增删改查，其功能结构图如图 1-5 所示。

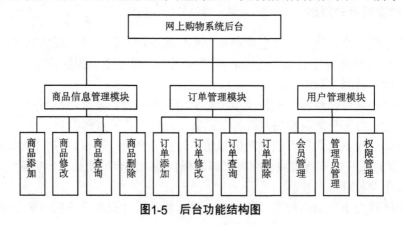

图1-5　后台功能结构图

（2）根据系统总体功能结构图，制作系统流程图。

本系统用户包括管理员和会员两种，管理员主要进行后台信息的管理，普通用户主要浏览前台页面，进行商品购买。在购物过程中用户需要先注册成为会员才能购物。具体流程如图1-6所示。

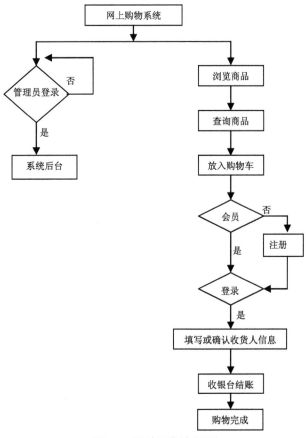

图1-6　网站开发流程图

（3）运行环境。本系统为 B/S 三层结构，环境因素和运行环境如表 1-1 所示。

表1-1　系统运行环境

环境因素	运行环境
服务器	Apache 2.0以上版本
操作系统/版本	WindowsServer 2003/2008标准版/企业版或Linux
数据库	MySQL 5.0以上版本
其他硬件系统	初次安装至少需要10MB可用空间
其他软件系统	JavaScript 1.5版本，安装IE 5.5以上版本
开发工具	ZendStudio或Dreamweaver

（4）系统界面效果设计网上购物系统前台页面主要包括登录、注册、图书推荐、图书搜索等内容，如图 1-7 所示。

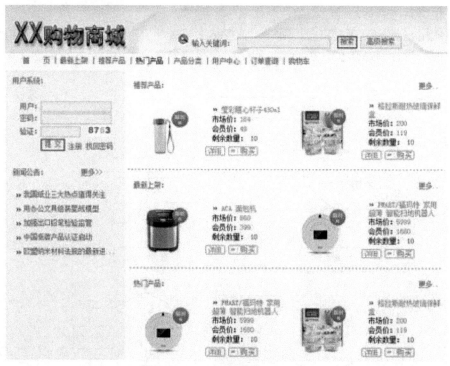

图1-7　网上购物系统前台页面

网上购物系统后台页面主要包括商品信息管理、订单管理、会员管理等内容，如图1-8所示。

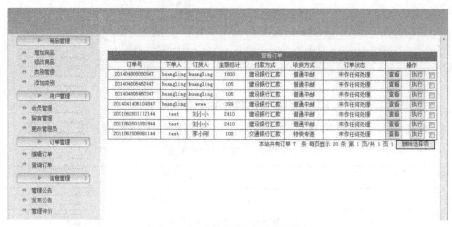

图1-8　网上购物系统后台页面

 任务拓展

（1）分组讨论系统总体设计的原则。

（2）撰写系统总体设计说明书。

项目重现

完成BBS系统总体设计

1．项目目标

- 进行项目需求分析。
- 进行项目总体设计。

2．相关知识

- 项目需求分析的方法。
- 需求规格说明书编写方法。
- 系统总体设计方法。

3．项目介绍

BBS 的英文全称是 Bulletin Board System，翻译为中文就是"电子公告板"。BBS 在国内一般称作网络论坛。在计算机网络飞速发展的今天，BBS 已经成为人们网上交流的重要平台，因此对 BBS 的研究是十分必要的。本项目就是对网上论坛进行需求分析和总体设计。

4．项目内容

需求分析是指理解用户需求，就软件功能与客户达成一致，需求分析的任务就是解决"做什么"的问题，就是要全面地理解用户的各项要求，并准确地表达所接受的用户需求，具有决策性、方向性、策略性的作用。

BBS 最主要的功能是发帖和回帖。为了记录帖子的发表者和回复者信息，系统需要提供用户注册和登录的功能。只有注册的用户登录后才能够发表和回复帖子，游客只能浏览论坛信息。BBS 功能主要有显示各论坛类别及版面、查看版面下所有跟帖、查看自己发表的帖子、查看精华帖子、搜索帖子、查看跟帖内容、用户注册、用户登录、发表帖子、回复帖子、进入后台、论坛类别管理、版面管理和用户管理。

（1）根据需求分析的方法和原则对 BBS 系统进行需求分析。

（2）根据需求分析规格说明书的要求编写 BBS 系统的需求规格说明书。

（3）根据系统总体设计的方法和原则对 BBS 系统进行总体设计。

（4）根据系统总体设计说明书的要求编写 BBS 项目的总体设计说明书。

网上购物系统开发环境搭建

学习目标

开发一个动态网站需要安装服务器、网页程序设计语言和数据库管理系统，这样就建立了动态网站的开发环境。

知识目标

- PHP 5.0的基础知识
- Apache服务器的安装与配置
- PHP环境的安装与配置
- MySQL数据库的安装与管理

技能目标

- 能对系统进行需求分析
- 能对系统进行总体设计

项目背景

要想开发网上购物系统，首要任务是为系统进行开发环境的搭建。这就要求我们学会利用自己的操作系统搭建一个适合 PHP 开发的环境。当前的操作系统主要是 Windows XP、Windows 7 等，从操作角度上来说，在这几个操作平台搭建 PHP 只需使用 Apache（或者 IIS 服务器）+Dreamweaver+MySQL 即可配置出来。由于 Windows 7 操作系统被越来越多的人使用，本任务将讲解如何在 Windows 7 中进行 PHP 操作平台的配置。

任务实施

为网上购物系统搭建开发环境。

任务2.1　PHP+Apache服务器的安装与配置

任务描述

在 Windows 7 下进行 PHP+Apache 服务器的安装与配置，同时安装 MySQL 数据库，实现网上购物系统的开发环境的搭建。

在环境搭建的过程中，能让读者了解 PHP、Apache 服务器及 MySQL 数据库的相关知识，并能锻炼其独立搭建环境的能力，为以后开发网站做好准备。

知识储备

1.　PHP 基础知识

PHP 是一个嵌套的缩写名称，即英文超级文本预处理语言（Hypertext Preprocessor）的缩写。PHP 是一种 HTML 内嵌式的语言，PHP 与微软的 ASP 相似，都是一种在服务器端执行的嵌入 HTML 文档的脚本语言，语言的风格类似于 C 语言，现在被很多的网站编程人员广泛地运用。

PHP 独特的语法混合了 C、Java、Perl 语言及 PHP 自创新的语法。它可以比 CGI 或 Perl 更快速地执行动态网页。用 PHP 制作动态页面与其他的编程语言相比，PHP 是将程序嵌入到 HTML 文档中去执行，执行效率比完全生成 HTML 标记的 CGI 要高许多；与同样是嵌入 HTML 文档的脚本语言 JavaScript 相比，PHP 在服务器端执行，充分利用了服务器的性能；PHP 执行引擎还会将用户经常访问的 PHP 程序驻留在内存中，其他用户再一次访问这个程序时就不需要重新编译程序，只要直接执行内存中的代码即可，这也是 PHP 高效率的体现之一。PHP 具有非常强大的功能，能实现所有的 CGI 或 JavaScript 的功能，而且支持几乎所有流行的数据库及操作系统。PHP 运行原理和用其他语言开发的动态网站运行原理基本相同，其流程如图 2-1 所示。

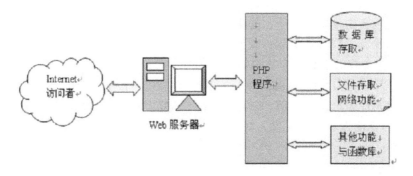

图2-1　PHP运行原理流程

PHP 的特性包括以下几点。

（1）开放的源代码：所有的 PHP 源代码事实上都可以得到。

（2）PHP 是免费的。

（3）基于服务器端：由于 PHP 是运行在服务器端的脚本，可以运行在 UNIX、LINUX、Windows 下。

（4）嵌入 HTML：因为 PHP 可以嵌入 HTML 语言，所以学习起来并不困难。

（5）简单的语言：PHP 坚持脚本语言为主，与 Java、C++ 不同。

（6）效率高：PHP 消耗相当少的系统资源。

（7）图像处理：用 PHP 动态创建图像。

2．Apache 服务器简介

Apache HTTP Server（简称 Apache）是 Apache 软件基金会的一个开放源码的网页服务器，可以在大多数计算机操作系统中运行，由于其多平台和安全性被广泛使用，是最流行的 Web 服务器端软件之一。它快速、可靠并且可通过简单的 API 扩展，Perl/Python 等解释器可被编译到服务器中。

根据著名的 WWW 服务器调查公司所作的调查，世界上 50% 以上的 WWW 服务器都在使用 Apache，是世界排名第一的 Web 服务器。Apache 的诞生极富有戏剧性。当 NCSA WWW 服务器项目停顿后，那些使用 NCSA WWW 服务器的用户开始交换他们用于该服务器的补丁程序，他们也很快认识到成立管理这些补丁程序的论坛是必要的。就这样，诞生了 Apache Group，后来这个团体在 NCSA 的基础上创建了 Apache。

Apache 服务器的特点：

（1）开放源代码。

（2）跨平台应用，可运行于 Windows 和大多数 UNIX/Linux 系统。

（3）支持 Perl、PHP、Python 和 Java 等多种网页编程语言。

（4）采用模块化设计。

（5）运行非常稳定。

（6）具有相对较好的安全性。

3．MySQL 数据库简介

MySQL 是一个精巧的 SQL 数据库管理系统，虽然它不是开放源代码的产品，但在某些情况下用户可以自由使用。由于它的强大功能、灵活性、丰富的应用编程接口（API）及精巧的系统结构受到了广大自由软件爱好者甚至商业软件用户的青睐，特别是与 Apache 和 PHP/Perl 结合，为建立基于数据库的动态网站提供了强大动力。

MySQL 是以一个客户机 / 服务器结构的实现，它由一个服务器守护程序 mysqld 和很多不同的客户程序及库组成。MySQL 数据库的主要功能旨在组织和管理庞大或复杂的信息和基于 Web 的库存查询请求，不仅仅为客户提供信息，而且还可以为用户自己使用数据库提供如下功能：

（1）缩短记录编档的时间 。

（2）缩短记录检索时间。

（3）灵活的查找序列。

（4）灵活的输出格式。

（5）多个用户同时访问记录。

 任务实施与测试

比起其他 Web 服务器软件（如 IIS），Apache 服务器有安装方便、配置简单、便于管理等优点。更重要的是，它和 PHP 一样是开源程序。下面介绍如何对 Apache 和 PHP 进行安装、配置与测试。

1．Apache 的下载与安装

Apache 服务器的最新安装程序可以从 http://httpd.apache.org/ 官方网站下载。下载步骤如下：

（1）打开 Apache 官方网站 http://httpd.apache.org/download.cgi，选择由 2013 年 7 月 9 日发布的最新 2.2.25 版本，如图 2-2 所示。

图2-2　Apache官网

（2）单击 2.2.25 后页面中出现许多下载的选项，如图 2-3 所示。这里下载 httpd-2.2.25-win32-x86-no_ssl.msi 的安装文件。其中，同一版本分为 no_ssl 和 openssl 两种类型。openssl 类型比 no_ssl 类型多了 SSL 安全认证模式。一般选择 no-ssl 类型即可。

图2-3 Apache下载界面

完成 Apache 服务器的下载后，开始进行服务器的安装。安装步骤如下：

（1）双击 httpd-2.2.25-win32-x86-no_ssl.msi 安装文件进行服务器安装，出现 2.2.25 版本的安装向导，如图 2-4 所示。

（2）单击 Next 按钮，进入下一界面继续安装。选择"I accept the terms in the license agreement"同意安装许可条例，如图 2-5 所示。

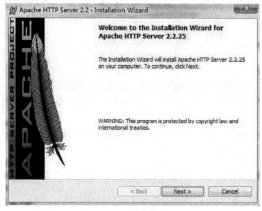

图2-4 安装欢迎界面

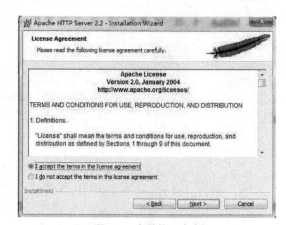

图2-5 安装许可条例

（3）单击 Next 按钮，打开"Read This First"预览内容对话框。继续单击 Next 按钮，进行系统信息的设置。在"Network Domain"中输入用户的域名；在"Server Name"中输入用户的服务器名称；在"Administrator's Email Address"中输入系统管理员的联系邮箱，如图 2-6 所示。界面下方有两个选择，第一项是为系统中所有用户安装，端口设置为 80，并作为系统服务自动启动；另一项是仅为当前用户使用，端口设置为 8080，通过手动启动。当前安装选择第一项。

（4）设置完成后单击 Next 按钮进入"Setup Type"界面选择安装类型，如图 2-7 所示。默认安装为 Typical 典型安装，Custom 为用户自定义安装。当前安装选择 Custom 自定义安装。

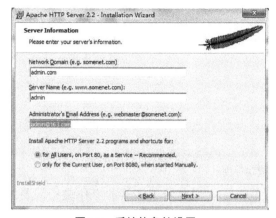

图2-6　系统信息的设置　　　　　　　　图2-7　安装类型选择

（5）单击 Next 按钮进行自定义安装内容的选择。为了满足用户后续开发的需要，当前安装选择所有的内容。安装路径默认为系统盘，为了方便起见，当前安装路径选择 C:\ Server\Apache2.2\。单击 Change…按钮可进行安装路径的设置。继续下一步开始安装，直到安装完成，如图 2-8 所示。

（6）当安装完毕，单击 Finish 按钮，如图 2-9 所示。Apache 服务器自动运行，在电脑右下角任务栏中有一个绿色的 Apache 服务器运行图标 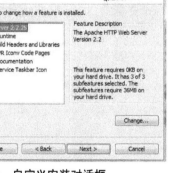。

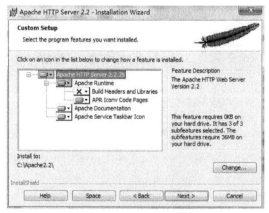

图2-8　自定义安装对话框　　　　　　　图2-9　安装完毕对话框

Apache 服务器安装完成后即可进行服务器的测试。

首先要测试前面的安装与设定是否成功。打开 IE 浏览器，在网址框输入预设的路径。由于是在本机安装的服务器，端口为 80，因此它的 HTTP 地址的预设路径是 http://localhost/。如果安装成功就可以顺利打开页面，页面显示"It works!"，如图 2-10 所示。

图2-10 安装成功界面

Apache 服务器的操作关系到 PHP 网页是否能执行，在此对服务器的操作进行简要的说明。

（1）Apache 服务器的启动。当安装完成，Apache 服务器就已经自动启动。如服务器停止服务，要再次启动，需要在图标 中单击 Start 命令，重新启动服务器的服务。

（2）Apache 服务器的停止。如需要停止 Apache 服务器的服务，在图标 中单击 Stop，停止服务器的服务，此时图标显示红色。

2．PHP 的安装

安装和配置 PHP 的方法有两种：一种方法是利用 PHP 官方网站提供的安装程序来进行安装，另一种方法是通过手工方式安装。手工安装是比较普遍的安装方式，在这里介绍第二种方法。

下载 PHP 步骤如下：

（1）PHP 软件开发包需要从 PHP 官方网站下载，下载地址是 http://www.php.net/downloads.php，下载的页面如图 2-11 所示。

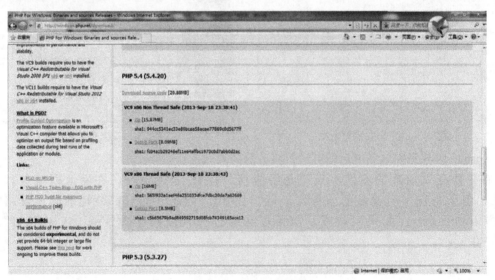

图2-11 PHP官方网站

（2）目前 PHP 最新版本是 2013 年 9 月 18 日发布的 PHP 5.4.20，这里以 php-5.4.20-Win32-VC9-x86 版本为例。该版本有两种版本可供选择，本书使用的是 Apache 服务器，所以选择 VC 9 版本的 Thread Safe 版本来安装。在官网下载一个包含执行文件的压缩包。

下载后即可配置 PHP，配置过程如下：

（1）把下载的 php-5.4.20-Win32-VC9-x86.zip 压缩包解压释放到选择的目录中，在这里解压到 C:\Server\php 下。

（2）打开 PHP 安装文件，找到 php.ini-production，重命名为 php.ini。建议先把 php.ini-production 复制一份作备用，以防配置出错。

（3）打开 php.ini 文件，指定 PHP 扩展包的具体目录，以便调用相应的 DLL 文件。

首先找到：

```
; extension_dir = "./"
```

修改为：

```
extension_dir = "C:/Server/php/ext"
```

其次，由于默认 PHP 并不支持自动连接 MySQL，需开启相应的扩展库功能，比如 php_mysql.dll 等。找到如下几行，把前面的"；"去掉：

```
extension=php_mbstring.dll
extension=php_mysql.dll
extension=php_pdo_mysql.dll
extension=php_pdo_odbc.dll
extension=php_xmlrpc.dll
```

（4）配置 PHP 的 session 功能。在使用 session 功能时，必须配置 session 文件在服务器上的保存目录，否则无法使用 session，需要在 Windows 7 上新建一个可读写的目录文件夹，此目录最好独立于 Web 主程序目录之外，当前在 D 盘根目录上建立了 phpsessiontmp 目录。然后在 php.ini 配置文件中找到：

```
;session.save_path = "/tmp"
```

修改为：

```
session.save_path = "D:/phpsessiontmp"
```

（5）配置 PHP 的文件上传功能。同 session 一样，在使用 PHP 文件上传功能时，必须要指定一个临时文件夹以完成文件上传功能，否则文件上传功能会失败。在此仍然需要在 Windows 7 上建立一个可读写的目录文件夹。当前在 D 盘根目录上建立了 phpfileuploadtmp 目录，然后在 php.ini 配置文件中找到：

```
; upload_tmp_dir =
```

修改为：

```
upload_tmp_dir = "D:/phpfileuploadtmp"
```

（6）修改 date.timezone，否则在执行 phpinfo 时 date 部分会报错："Warning: phpinfo() [function.phpinfo]…"需要将：

```
date.timezone =
```

修改为：

```
date.timezone = Asia/Shanghai
```

（7）保存文件并关闭。

3．配置 Apache 支持 PHP

（1）配置 Apache 的 httpd.conf 文件。在文件末尾添加如下代码：

```
# 载入 PHP 处理模块
LoadModule php5_module "C:/Server/ php/php5apache2_2.dll"
# 指定当资源类型为 .php 时，由 PHP 来处理
AddHandler application/x-httpd-php .php
# 指定 php.ini 的路径
PHPIniDir "C:/Server/php"
```

（2）Apache 服务器默认执行 Web 主程序的目录为 Apache2.2/htdocs，所以当 Web 主程序目录变更时，则需要修改相应的 Apache 配置。当前在 D 盘根目录上建立了 PHPWeb 目录作为网站开发的主程序目录，即找到：

```
DocumentRoot "C:/Server/Apache2.2/htdocs"
```

修改为：

```
DocumentRoot "D:/PHPWeb"
```

找到：

```
<Directory "C:/Server/Apache2.2/htdocs">
```

修改为：

```
<Directory "D:/PHPWeb">
```

（3）最后修改具体的 index 文件的先后顺序，由于配置了 PHP 功能，当然需要 index.php 优先执行。即找到：

```
DirectoryIndex index.html
```

修改为：

```
DirectoryIndex index.php index.html
```

（4）保存并关闭。

（5）重新启动 Apache 服务器。

（6）用文本编辑器编写如下代码，并保存文件名为 test.php：

```
<?php
    phpinfo();
?>
```

把 test.php 文件放到"D:\PHPWeb"目录。

（7）在网页浏览器地址栏中输入 http://localhost/test.php，如果在浏览器中打开网页文件，则说明 Apache+PHP 运行环境配置成功，如图 2-12 所示。

4．MySQL 的安装与运行

对于初学者来说，MySQL 数据库非常容易上手，接下来介绍如何安装和运行 MySQL 数据库。自 MySQL 版本升级到 5.6 以后，其安装及配置过程和原来版本发生了很大的变化，下面详细介绍 5.6 版本 MySQL 的下载、安装及配置过程。下载 MySQL 数据库的步骤如下：

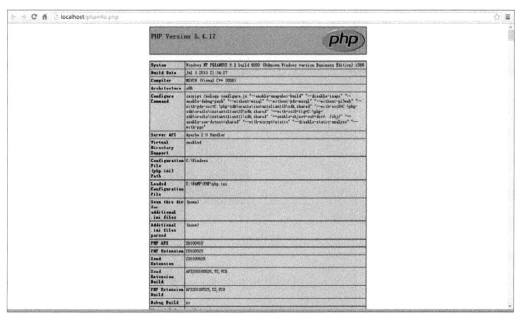

图2-12　环境配置成功

（1）目前最新的 MySQL 版本为 MySQL 5.6，可以在官方网站（http://dev.mysql.com/downloads/）上面下载该软件。在图 2-13 所示的 MySQL 官网上单击右下角的"MySQL Installer 5.6"超链接，然后按照提示一步步操作即可将 MySQL 软件下载到本地计算机中。注意这里选择的是数据库版本是"Windows（x86，32-bit），MSI Installer"。

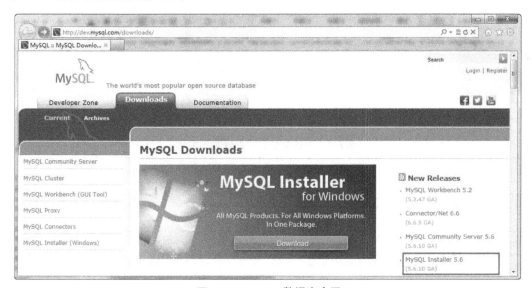

图2-13　MySQL数据库官网

（2）双击 MySQL 安装程序（mysql-installer-community-5.6.10.1），会弹出如图 2-14 所示的欢迎窗口。

（3）单击图 2-14 中的"Install MySQL Products"链接，会弹出用户许可证协议窗口，如图 2-15 所示。

图2-14 MySQL欢迎界面

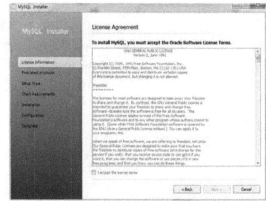

图2-15 用户许可证协议

（4）选中"I accept the license terms"复选框，然后单击Next按钮，会进入查找最新版本界面，效果如图2-16所示。

（5）单击Execute按钮，会进入安装类型设置界面，效果如图2-17所示，图中各关键设置含义见表2-1。

图2-16 查找最新版本

图2-17 安装类型设置

表2-1 安装类型界面各设置项含义

选 项	含 义
Developer Default	默认安装类型
Server only	仅作为服务器
Client only	仅作为客户端
Full	完全安装类型
Custom	自定义安装类型
Installation Path	应用程序安装路径
Data Path	数据库数据文件的路径

（6）选择图2-17中的Custom选项，其余保持默认值，然后单击Next按钮，弹出功能

选择界面，如图 2-18 所示。

（7）取消选中图 2-18 中"Applications"及"MySQL Connectors"前面的复选框，然后单击 Next 按钮，弹出安装条件检查界面，如图 2-19 所示。

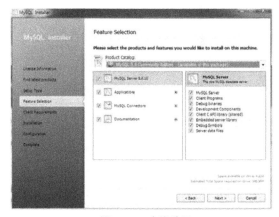 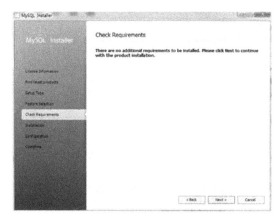

图2-18 功能选择 　　　　　　　　　图2-19 安装条件检查界面

（8）单击 Next 按钮，弹出程序安装界面，如图 2-20 所示。

（9）单击 Execute 按钮，开始安装程序。安装向导过程中所做的设置将在安装完成之后生效，并弹出如图 2-21 所示的界面。

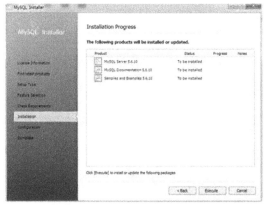 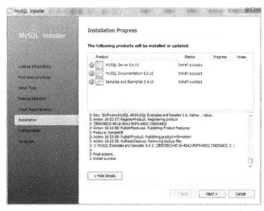

图2-20 程序安装界面 　　　　　　　　图2-21 程序安装成功界面

（10）单击 Next 按钮，会进入服务器配置页面，效果如图 2-22 所示。

（11）单击 Next 按钮，效果如图 2-23 所示。

图 2-23 中的"Server Configuration Type"下面的"Config Type"下拉列表项用来配置当前服务器的类型。选择哪种服务器将影响到 MySQL Configuration Wizard（配置向导）对内存、硬盘和过程或使用的决策，可以选择如下 3 种服务器类型。

- Developer Machine（开发机器）：该选项代表典型个人用桌面工作站。假定机器上运行着多个桌面应用程序。将MySQL服务器配置成使用最少的系统资源。
- Server Machine（服务器）：该选项代表服务器，MySQL服务器可以同其他应用程序一起运行，例如，FTP、Email和Web服务器。MySQL服务器配置成使用适当比例的系统资源。

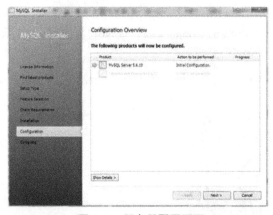

图2-22　服务器配置页面　　　　　　　　　　图2-23　配置页面（一）

- Dedicated MySQL Server Machine（专用MySQL服务器）：该选项代表只运行MySQL服务的服务器。假定没有运行其他应用程序。MySQL服务器配置成使用所有可用系统资源。

作为初学者，选择"Developer Machine"（开发者机器）已经足够了，这样占用系统的资源不会很多。

选中或取消选中 Enable TCP/IP Networking 左边的复选框可以启用或禁用 TCP/IP 网络，并配置用来连接 MySQL 服务器的端口号，默认情况启用 TCP/IP 网络，默认端口为3306。要想更改访问 MySQL 使用的端口，直接在文本框中输入新的端口号即可，但要保证新的端口号没有被占用。

（12）单击 Next 按钮，效果如图 2-24 所示。

（13）在图 2-24 所对应的界面中，需要设置 root 用户的密码，在"MySQL Root password"（输入新密码）和"Repeat Password"（确认）两个文本框中输入期望的密码。也可以单击下面的 Add User 按钮另行添加新的用户。单击 Next 按钮，效果如图 2-25 所示。

图2-24　配置页面（二）　　　　　　　　　　图2-25　配置页面（三）

（14）单击 Next 按钮，打开配置信息显示页面，如图 2-26 所示。

（15）单击 Next 按钮，即可完成 MySQL 数据库的整个安装配置过程。之后再打开任务管理器，可以看到 MySQL 服务进程 mysqld.exe 已经启动了，如 2-27 所示。

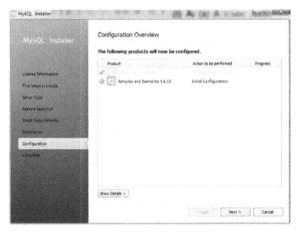

图2-26 配置信息显示页面

图2-27 任务管理器窗口

至此，在 Windows 7 上已经顺利地安装了 MySQL。接下来即可启动 MySQL 服务与登录数据库进行自己的操作。

5．管理 MySQL 数据库

MySQL 数据库没有图形化的窗口，对于初学者来说运用起来很困难。在这里介绍一款管理 MySQL 数据库的工具 phpMyAdmin。phpMyAdmin 软件是一款窗口化操作管理平台，可以在 phpMyAdmin 官网"http://planet.phpmyadmin.net/"下载。其安装步骤如下：

（1）首先在"C:\Server\Apache2.2\htdocs"中建立 phpMyAdmin 文件夹，然后解压 phpMyAdmin-4.0.4.1-all-languages.zip 到"C:\Server\Apache2.2\htdocs\phpMyAdmin\"文件夹，在 libraries 里面找到 config.default.php 文件，把它复制到 phpMyAdmin 根目录下，并重命名为 config.inc.php。

（2）配置 config 文件。首先设置访问网址。

```
$cfg['PmaAbsoluteUri'] = '';
```

这里填写 phpMyAdmin 的访问网址。

（3）设置 MySQL 主机信息。

```
$cfg['Servers'][$i]['host'] = 'localhost';
```

填写 localhost 或 MySQL 所在服务器的 IP 地址，当前安装 MySQL 和该 phpMyAdmin 在同一个服务器，则按默认 localhost。

```
$cfg['Servers'][$i]['port'] = '';
```

MySQL 端口，如果是默认 3306，保留为空即可。

（4）MySQL 用户名和密码。

```
$cfg['Servers'][$i]['user'] = 'root';
```

填写 MySQL 服务器 user 访问 phpMyAdmin 使用的 MySQL 用户名。

```
fg['Servers'][$i]['password'] = '';
```

填写 MySQL 服务器 user 访问 phpMyAdmin 使用的 MySQL 密码。

（5）认证方法。

```
$cfg['Servers'][$i]['auth_type'] = 'cookie';
```

在此有 4 种模式可供选择：cookie、http、HTTP 和 config。

config 方式即输入 phpMyAdmin 的访问网址即可直接进入，无须输入用户名和密码，是不安全的，不推荐使用。

当该项设置为 cookie、http 或 HTTP 时，登录 phpMyAdmin 需要输入用户名和密码进行验证，具体如下：PHP 安装模式为 Apache，可以使用 http 和 cookie；PHP 安装模式为 CGI，可以使用 cookie。

（6）短语密码（blowfish_secret）的设置。

```
$cfg['blowfish_secret'] = '';
```

如果认证方法设置为 cookie，就需要设置短语密码，至于设置为什么密码，由用户自己决定，但是不能留空，否则会在登录 phpMyAdmin 时提示错误。

完成上述设置，用户通过 "http://localhost/ phpMyAdmin /" 访问，输入用户名和密码就可以进入 phpMyAdmin 的管理界面。

任务2.2　WampServer的下载与安装

任务描述

前面介绍的环境搭建一系列过程是比较烦琐的。为了避免开发人员将时间花费在烦琐的配置环境过程，从而有更多精力去做管理网站，很多开发人员使用 WampServer 整合安装软件。本任务将详细讲解 WampServer 的下载与安装过程。

知识储备

WampServer 是 Apache Web 服务器、PHP 解释器及 MySQL 数据库的整合软件包。在 Windows 下将 Apache+PHP+MySQL 集成环境，拥有简单的图形和菜单安装及配置环境。PHP 扩展、Apache 模块，实现一键安装用户不用亲自去修改配置文件。WampServer 具有安全性高、版本稳定性好、操作简单等特点。

任务实施与测试

WampServer 2.4 的安装步骤如下：

（1）登录 WampServer 官网 http://www.wampserver.com/en/，下载最新的版本，这里下载的是 Wampserver 2.4-x64 版本，如图 2-28 所示。本版本包括 Apache 2.4.4、PHP 5.4.12、MySQL 5.6.12 及 phpMyAdmin 4.0.4 等软件。

图2-28 WampServer官网

（2）双击安装程序进行安装。整个安装过程很简单，只需单击 Next 按钮，直到安装完成。在安装过程中，"PHP mail parameters"对话框需要引起注意。其中"SMTP"是服务器名称，如安装在本地，则直接使用默认值即可，如图2-29 所示。

（3）安装完成后，在浏览器地址栏中输入"http://localhost/"，如果显示 WampServer 的基本信息界面表示安装成功。当前软件是英文界面，在右下角会出现一个 图标，在图标上单击鼠标右键，选择"Language"为 Chinese 就

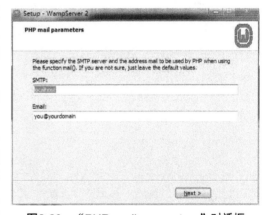

图2-29 "PHP mail parameters"对话框

变成中文界面。单击此图标，可以看到 Start All Services、Stop All Services 等命令。

WampServer 运行的过程中有些问题需要注意，解决这些问题的方法如下。

（1）更改端口号为 8080，其目的是不要与 IIS 的端口号 80 相冲突。其方法是：

① 单击图标，在弹出的菜单中选择"停止所有服务"命令。

② 单击图标，在弹出的菜单中选择"Apache"→"httpd.conf"命令，则自动用记事本打开"httpd.conf"文件。

③ 在该文件中查找"Listen"一词，找到"Listen 80"并将其改成"Listen 8080"。

当冲突解决后，图标变为绿色表示 WampServer 已正常运行。

（2）更改文件夹目录，这就是用户以后写的 PHP 文档的存放位置。

① 在本地的某一个目录下创建一个文件夹，如"D:/phpweb"。

② 按前述步骤打开"httpd.conf"文件，查找"DocumentRoot"一词。将 DocumentRoot "C:\wamp\www"，改成 DocumentRoot "D:\phpweb\"; 继续往下找，将 <Directory"C:\wamp\www">，改成 <Directory "D:\phpweb\">。

③ 保存文件后关闭。

（3）创建站点，可以在"D:/phpweb"目录下创建若干个站点。

① 在"D:/phpweb"目录下先创建一个文件夹，如 mytest。

② 打开 DreamWeaver 软件。单击"站点"→"新建站点"命令。

③ 站点名称任意取。

④ 站点的 http 地址为 http://localhost:8080/mytest/

⑤ 使用 PHP MySQL 服务器技术。

⑥ 文件存放在" D:/phpweb/mytest "位置。

⑦ 使用"http://localhost:8080/mytest/ "URL 来浏览站点的根目录。

⑧ 一直单击"确定"按钮，至此站点创建完毕。

（4）打开 MySQL 数据库。

① 单击图标，在弹出的菜单中选择"停止所有服务"命令。

② 单击图标，在弹出的菜单中选择"phpMyAdmin"命令。

③ 将打开的页面地址"http://localhost/phpmyadmin/ "修改成"http://localhost:8080/phpmyadmin/ "后，在浏览器中单击"转到"按钮，或者按回车键。这时，便可得到一个 MySQL 数据库的可视化操作界面，如图 2-30 所示。

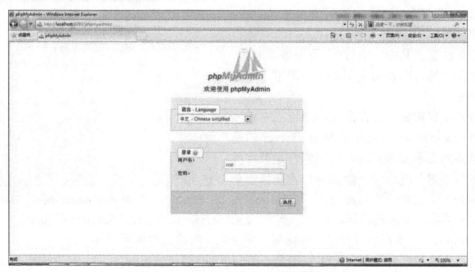

图2-30　MySQL数据库的可视化操作界面

（5）浏览网页。

如果在第 3 步创建的站点目录创建了一个名为 index.php 文件，浏览器的地址栏中输入"http://localhost:8080/mytest/"，按回车键便能进行浏览。

 任务拓展

查阅资料，了解在 Windows 7 下如何进行 PHP+IIS 服务器的安装与配置。

项目重现

完成BBS系统开发环境搭建

1．项目目标

完成本项目后，读者能够：

- 利用PHP+Apache+MySQL熟练地搭建项目的开发环境。
- 利用WampServer快速地搭建项目的开发环境。

2．相关知识

完成本项目后，读者应该熟悉：

- PHP、Apache及MySQL的基础知识。
- PHP和Apache的配置方法。
- MySQL数据库安装和管理的方法。

3．项目介绍

为了顺利进行 BBS 论坛的开发工作，首先需要完成项目开发的环境搭建。本项目就是对网上论坛进行开发环境的搭建。

4．项目内容

网站开发环境的搭建主要利用两种方法：一种是利用 PHP+Apache 服务器进行搭建；另一种是利用 WampServer 整合安装软件进行搭建。

为了能够实现环境的搭建，必须下载 PHP、Apache 服务器和 MySQL 数据库，并进行安装和配置。步骤如下：

（1）下载 PHP 后，进行安装并配置 php.ini 文件。

（2）下载 Apache 服务器并进行测试。

（3）配置 Apache 支持 PHP。

（4）下载 MySQL 数据库，并且安装与运行。

网上购物系统前台界面设计

 学习目标

"工欲善其事，必先利其器。"在使用 PHP 技术开发动态网站之前，必须先熟练掌握 PHP 的基本语法、控制结构及函数等基础。只有打好坚实的基础，才能开发出符合企业需求的动态网站。

 知识目标

- Dreamweaver网站建设基础
- 掌握PHP语法结构、输出结果、注释
- 掌握PHP语言的常量、变量、数据类型、运算符及表达式
- 掌握PHP的流程控制语句

- 掌握PHP语言的数组
- 掌握PHP语言的函数（常用内置函数、时间日期函数、字符串函数等）与自定义函数
- 掌握表单的处理

 技能目标

- 会利用PHP开发工具进行简单的PHP程序编写

项目背景

使用 PHP 创建网上购物系统时，必须先熟练掌握 PHP 的基本语法、控制结构及函数等基础知识，只有打好坚实的基础，才能开发出符合企业需求的网上购物系统。本项目主要介绍 PHP 语法结构、变量、常量、运算符与表达式、各种流程控制语句、函数、数组及表单处理等内容。读者在学习这些内容的基础上，可完成网上购物系统前台界面设计。

任务实施

在完成网站站点建立的基础上，设计完成网上购物系统首页前台界面。对 PHP 基本语法做详细介绍，并通过三个任务来加深读者对 Dreamweaver 与 PHP 语法的理解，为后续章节的学习打下基础。

任务3.1 网上购物系统首页页面设计

 任务描述

学习 PHP 语言之前，需要先熟练掌握 HTML 语言及 Dreamweaver 软件的使用，在这个任务中，我们将学习如何使用 Dreamweaver 软件来制作 PHP 动态站点及网上购物首页页面的头部内容，如图 3-1 所示。

图3-1 网上购物首页页面的头部内容

 知识储备

1. 创建 Dreamweaver 动态站点

在项目二中，已经将网上购物系统的运行环境搭建完毕，但每次运行 PHP 文件时，均需要在浏览器中输出 URL 路径才能正常运行，比较麻烦。创建 Dreamweaver 站点可以解决这个问题，站点创建完成后，只需按 F12 键，即可浏览所创建的程序。

在 Dreamweaver 中创建 PHP 站点的操作步骤如下：

（1）打开 Dreamweaver 开发工具，选择"站点"→"新建站点"命令，打开如图 3-2 所示的创建站点对话框。

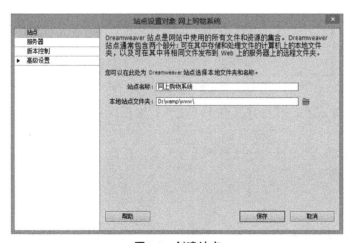

图3-2 创建站点

其中，站点名称为用户自己命名的此处为"网上购物系统"；本地站点文件夹可用作选择网站的保存位置，这里选择 wamp 软件的安装路径中的 www 文件夹下注意，在没有改变 Apache 配置文件时，网站的保存路径不能改变。

（2）单击"站点"下"服务器"选项，再单击右边的"+"按钮，选择新服务器，如图 3-3 所示为设置新服务器的基本内容。

（3）单击"高级"选项卡，设置新服务器的高级项目，如图 3-4 所示。

图3-3　设置新服务器的基本内容

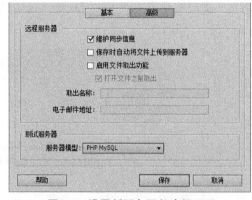

图3-4　设置新服务器的高级项目

（4）单击"保存"按钮，进入"服务器"页面，勾选"测试"复选框，如图 3-5 所示，单击"保存"按钮，完成站点的创建。

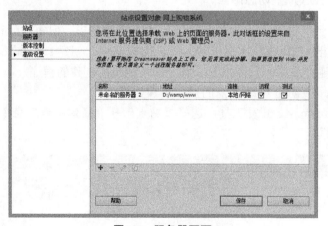

图3-5　服务器页面

（5）站点设置完成后，双击打开位于"文件"面板站点根目录中的"index.php"文件，查看其 PHP 代码。

（6）按 F12 键可在浏览器中预览程序运行结果。至此，PHP 文件的编辑环境成功搭建，可以开始"PHP 之旅"了。

2．标签

在此书所介绍的网上购物系统中，大部分的页面都使用了 <table> 标签来制作，在此，对该标签进行介绍。

（1）创建表格

在 HTML 中使用 <table>...</table> 标签来创建表格，或使用 Dreamweaver CS5 菜单栏中的【插入】|【表格】命令进行插入。

（2）行与列

在 HMTL 中使用 <tr>...</tr> 来表示列，使用 <td>...</td> 表示单元格。使用菜单栏命令时会弹出对话框，需要进一步选择行数与列数等其他设定。

例如，制作一个两行两列的表格，其 HTML 代码如下：

```html
<html><body><table border="1">
    <tr>
        <td>张三</td>
        <td>男</td>
    </tr>
    <tr>
        <td>李晓</td>
        <td>女</td>
    </tr>
</table></body></html>
```

任务实施与测试

（1）建立网上购物系统动态站点，可参考 3.1.2 节所述内容。

（2）新建首页 index.html，在此页面中用 <table> 标签制作首页的上部内容。代码 3-1 如下：

```html
<html>
<table width="766" border="0" align="center" cellpadding="0"
cellspacing="0" background="images/bannerdi.gif">
    <tr>
        <td colspan="3" valign="bottom"><table width="766" border="0"
align="center" cellpadding="0" cellspacing="0">
        <tr>
        <td width="224" height="83"> </td>
        <td align="right"><p> </p>
            <table height="20" border="0" align="center" cellpadding="0"
cellspacing="0">
                <form name="form" method="post" action="serchorder.php">
                    <tr>
                        <td width="81" height="30" align="right"> </td>
                            <td width="500" height="30" valign="middle"><div
align="left"> <span class="style4"><img src="images/biao.gif" width="16"
height="21"> 输入关键词：</span>
                                <input type="text" name="name" size="25"
class="inputcss" style="background-color:#e8f4ff " onMouseOver="this.style.
backgroundColor='#ffffff'" onMouseOut="this.style.backgroundColor='#e8f4ff'">
                                <input type="hidden" name="jdcz" value="jdcz">
```

```
                                    <input name="submit" type="submit"
class="buttoncss" value="搜索">
                                    <input name="button" type="button"
class="buttoncss"  onClick="javascript:window.location='highsearch.php';"
value="高级搜索">
    </div></td>
                    </tr>
                </form>
    </table></td>
        </tr>
    </table></td>
    </tr>
    <tr>
        <td width="568" height="32" bgcolor="#FFFFFF">   &n
bsp; <a href="index.php">首    页</a> | <a href="shownewpr.php">最
新上架</a> | <a href="showtuijian.php">推荐产品</a> | <a href="showhot.php">
热门产品</a> | <a href="showfenlei.php">产品分类</a> | <a
href="usercenter.php">用户中心</a> | <a href="finddd.php">订单查询</
a> | <a href="gouwuche.php">购物车</a></td>
        <td width="121" align="center" bgcolor="#FFFFFF">
        </td>
    </tr>
    </table>
    </html>
```

 任务拓展

网上购物系统首页剩余部分的制作及其他页面的前台制作。

任务3.2　商品订单页面设计

 任务描述

在此任务中需要完成一个简单的网上购物系统的商品订单程序，当用户输入相应商品数量后，单击"提交"按钮，出现另一个页面，上面详细列明了该订单的明细，包括商品的总量、总价格和折扣等，如图3-6所示。

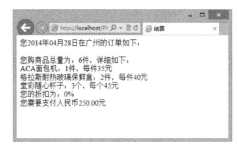

（a）　　　　　　　　　　　　　　（b）

图3-6　程序效果图

 知识储备

1. PHP 标记

PHP 语言使用标记将 PHP 代码块嵌入到 HTML 中，构成 PHP 动态网页。那么 PHP 引擎如何分辨哪些是需要解释的 PHP 程序代码，哪些是可以直接发送给客户端浏览器的 HTML 呢？其依据是本节中介绍的 PHP 开始与结束标记，这些标记有如下 4 种基本形式。

（1）XML 标记风格

```
<?php
    ...          //PHP代码
?>
```

XML 标记风格是本书使用的风格，也是最常见的一种风格。它在所有的服务器环境中都能使用，而在 XML（可扩展标记语言）嵌入 PHP 代码时就必须使用这种标记以适应 XML 的标准，所以建议用户都使用这种标记风格。

（2）短标记风格

```
<?
    ...          //PHP代码
?>
```

使用短标记风格时，必须将配置文件 php.ini 中的 short_open_tag 选项值设置为 on。使用短标记风格时，可能会影响 XML 文档的声明及使用，所以一般情况下不建议使用这种风格。

（3）ASP 标记风格

```
<%
    ...          //PHP代码
%>
```

这与 ASP 的标记风格相同。与第 2 种风格一样，这种风格默认是禁止的。

（4）Script 标记风格

```
<script language="php">
    ...                    //PHP代码
</script>
```

Script 风格与 Javascript、VBscript 的标记风格相同。

2．PHP 输出语句

要想在 PHP 程序代码范围内输出信息到网页中，使用的是 echo、sprintf 和 printf 语句，其中 echo 语句是 PHP 程序中最常用的。

echo 语法格式如下：

```
echo "显示内容";
```

例如，使用输出语句，输出"你好！欢迎使用 PHP！"，其代码 3-2 如下：

```
<?php
    echo '你好！';                //输出"你好！"
    echo "欢迎","使用PHP！";      //输出"欢迎使用PHP！"
?>
```

上述案例中有两个 echo 语句，第一句输出"你好！"，第二句输出"欢迎使用 PHP！"。

① 每条语句后需要加分号"；"结束。

② echo 语句输出的内容可用单引号"''"，也可用双引号"""界定。

③ echo 语句可同时输出多个字符串，字符串之间可用逗号"，"分隔开。

3．注释语句

注释是对 PHP 代码的解释和说明，在程序运行时，注释内容会被 Web 服务器忽略，不会被解释执行。注释可以提高程序的可读性，提高程序的可移植性，减少后期的维护成本。

PHP 注释一般分为多行注释和单行注释。

① 多行注释。以"/*"开始，"*/"结束。

② 单行注释。以"//"或"#"开始，所在行结束时结束。

例如，注释案例，其代码 3-3 如下：

```
<?php
    /*   作者：海陆空
    完成时间：2014.04
    内容：PHP测试   */
    echo '你好！';                //   这是以//开始的单行注释
    echo "欢迎","使用PHP！";      #   这是以#开始的单行注释
?>
```

以上两个程序的运行结果完全相同。

4．变量

变量是什么？为什么称为变量？变量就是一个储存数据的容器。因为这个容器中的数据可能随时都会改变（看程序怎么去运作），所以称为变量。

（1）变量的命名与赋值

变量的命名必须符合以下条件：

● 变量必须由一个美元符号"$"开头，例如，$abc。

● 变量名的第二个符号必须是字母或下画线，后面可以是字母、数字或者下画线的组合。

● 变量名严格区分大小写，如果两个变量字母相同、只是大小写不同，则被视为两个变量。

在 PHP 程序中，变量的赋值往往是和变量的命名一起进行的。例如：

```
$username="张三";        //合法的变量名
$var="hello";          //合法的变量名
adr="云台山";           //非法的变量名
```

（2）数据类型

PHP 支持 8 种数据类型，具体见表 3-1。

表3-1 PHP数据类型

分　类	类　型	类 型 名 称
标量类型	boolean	布尔型
	integer	整型
	float/double	浮点型
	string	字符串
复合类型	array	数组
	object	对象
特殊类型	resource	资源
	NULL	空

① 布尔型（boolean）

布尔型的数据值只有两个，即真和假，或 1 和 0。布尔型数据主要用在条件表达式和逻辑表达式中，用作判断表达式的结果。

② 整型（integer）

整型变量的值是整数，在 32 位机器中，整型变量的表示范围为 -2147483648~+2147483647。整型值可以用十进制、八进制或十六进制表示。在使用八进制表示时，数字前必须加 0；在使用十六进制表示时，数字前必须加 0x。例如：

```
$n1=123;               //十进制数
$n2=-34;               //十进制负数
$n3=0123;              //八进制数（等于十进制数的83）
$n4=0x123;             //十六进制数（等于十进制数的291）
```

③ 浮点型（float/double）

浮点类型也称为浮点数或实数，在 32 位机器中，浮点数的表示范围为 1.7E-308~1.7E+308。例如：

```
$pi=3.1415926;         //十进制浮点数
$width=3.3E4;                      //科学计数法浮点数
$var=3E-5;                         //科学计数法浮点数
```

④ 字符串（string）

字符串类型可表示单个字符和多个字符，在将字符值赋值给字符变量时，必须要用双引号或单引号加在字符值的头和尾。例如 "$var" 和 '$var'。

双引号或单引号均可以定义字符值，但两者绝不等价。使用单引号时，程序不会判断字符串中是否包含变量，也就是说，即使字符串中包含变量，也只输出变量名，不输出变量值；而使用双引号时，则输出变量值。例如，代码 3-4 如下：

```php
<?php
    $str="和平";
    echo "世界$str";                     //输出:世界和平
    echo '世界$str';                     //输出: 世界$str
?>
```

如果要输出单引号或双引号，则需要使用转义字符"\"。在 PHP 中还有一些特殊字符的转义字符，如表 3-2 所示。

表3-2　PHP特殊字符转义字符表

转义字符	含　义	转义字符	含　义
\"	双引号	\t	制表符
\\	反斜杠	\$	美元符号
\n	换行	\x	十六进制字符
\r	回车		

⑤ 数组（array）

数组是一组由相同数据类型元素组成的一个有序映射。其中的元素可以为多种类型，可以是整型、浮点型或字符串型。

⑥ 对象（object）

其为对象类型数据，是类的具体化实例。

⑦ 资源（resource）

资源是一种特殊的变量，其中保存了链接到外部资源的一个引用。资源需要通过专门的函数来建立和使用。

⑧ NULL

该类型只有一个值 NULL。

（3）数据类型之间的转换

PHP 数据类型之间的转换有两种：自动转换和强制转换。

PHP 中自动转换很常见。例如，代码 3-5：

```php
<?php
    $str1="1";
    $str2="ab";
    echo $num1=$str1+$str2;          //$num1的结果为整型（1）
    echo $num2=$str1+5;              //$num2的结果为整型（6）
    echo $num3=$str1+2.56;           //$num3的结果为浮点型（3.56）
?>
```

上述例子中字符串连接操作将使用自动转换。连接操作前，$a 是整数类型，$b 是字符串类型。连接操作后，$a 自动转换为字符串类型。

PHP 自动转换类型的另一个例子是加号"+"，参与"+"运算的运算数都将被解释成整数或浮点数。例如，代码 3-6：

```php
<?php
    $a=10;
```

```
    $b='string';
    echo $a+$b;                          //输出 "10string"
?>
```

PHP 还可以使用强制类型转换。它将一个变量或值转换为另一种类型，这种转换与 C 语言类型的转换相同：在要转换的变量前面加上用括号括起来的目标类型。PHP 允许的强制转换如下。

（int），（integer）：转换成整型

（string）：转换成字符型

（float），（double），（real）：转换成浮点型

（bool），（boolean）：转换成布尔型

（array）：转换成数组

（object）：转换成对象

例如，代码 3-7：

```
<?php
    echo $var=(int)"hello";              //变量为整型（值为0）
    echo $var=(int)True;                 //变量为整型（值为1）
    echo $var=(int)12.56;                //变量为整型（值为12）
    echo $var=(string)10.5;              //变量为字符串型（值为 "10.5"）
    echo $var=(bool)1;                   //变量为布尔型（值为1）
?>
```

5．常量

常量是指在程序运行中无法修改的值。常量分为自定义常量和预定义常量。

（1）自定义常量

自定义常量使用 define() 函数来定义。语法格式如下：

```
define("常量名","常量值");
```

常量一旦定义，就不能再改变或取消定义，而且值只能是标量。和变量不同，常量定义时不需要加 "$"，常量是全局的，可以在脚本的任何位置引用；常量一般用大写字母表示。

例如，代码 3-8：

```
<?php
    define("PI",3.1415926);
    define("CONSTANT","Hello World!");
    echo PI;                     ////输出 "3.1415926"
    echo CONSTANT;               //输出 "Hello World!"
?>
```

（2）预定义常量

PHP 提供了大量的预定义常量。但是很多常量是由不同的扩展库定义的，只有加载这些扩展库后才能使用。预定义常量使用方法和常量相同，但它们的值会根据情况的不同而不同，经常使用的预定义常量有 5 个，这些特殊的常量不区分大小写。PHP 的预定义变量如表 3-3 所示。

表3-3　PHP的预定义变量

名　　称	说　　明
__FILE__	常量所在的文件的完整路径和文件名
__LINE__	常量所在文件中的当前行号
__FUNCTION__	常量所在的函数名称
__CLASS__	常量所在的类的名称
__METHOD__	常量所在的类的方法名

6. 运算符和表达式

1）运算符

（1）算术运算符

PHP 提供了 7 种算术运算符，如表 3-4 所示。

表3-4　PHP算术运算符

符　　号	含　　义	符　　号	含　　义
+	加法运算符	%	取余运算符
-	减法运算符	++	自加运算符
*	乘法运算符	--	自减运算符
/	除法运算符		

例如，代码 3-9：

```php
<?php
    $a=10;
    $b=3;
    echo $num=$a+$b;        //运算结果为13
    echo $num=$a-$b;        //运算结果为7
    echo $num=$a*$b;        //运算结果为30
    echo $num=$a/$b;        //运算结果为3.33333...
    echo $num=$a%$b;        //运算结果为1
    echo $num=$a++;         //运算结果为10
?>
```

（2）字符串运算符

字符串运算符只有一个，就是英文输入法状态下的逗号。用其将两个字符串连接起来，组合成一个新的字符串。

（3）赋值运算符

赋值运算符的作用是将右边的值赋给左边的变量，最基本的赋值运算符是"="，如"$a=5"表示将 5 赋值给变量 $a，变量 $a 的值是 5。PHP 赋值运算符见表 3-5。

表3-5 PHP赋值运算符

符　号	用　法	相　当　于
+=	$a+=$b	$a=$a+$b
-=	$a-=$b	$a=$a-$b
*=	$a*=$b	$a=$a*$b
/=	$a/=$b	$a=$a/$b
%=	$a%=$b	$a=$a%$b
.=	$a.=$b	$a=$a.$b

（4）位运算符

位运算符可以操作整型和字符串型两种类型数据。它允许按照位来操作整型变量，如果左、右参数都是字符串，则位运算符将操作字符的 ASCII 值。PHP 位运算符见表3-6。

表3-6 PHP位运算符

符　号	用　法	相　当　于
&	按位与/$a&$b	将$a和$b的每一位进行与操作
|	按位或/$a\|$b	将$a和$b的每一位进行或操作
^	按位异或/$a^$b	将$a和$b的每一位进行异或操作
~	按位非/~$ab	将$a中的每一位进行取反操作
<<	左移/$a<<$b	将$a左移$b位
>>	右多/$a>>$b	将$a右移$b位

（5）比较运算符

比较运算符用于对两个值进行比较，不同类型的值也可以进行比较，如果比较的结果为真则返回 True，否则返回 False。PHP 比较运算符见表 3-7。

表3-7 PHP比较运算符

符　号	含　义	符　号	含　义
<	小于	==	等于
>	大于	===	恒等于
<=	小于等于	!=	不等
>=	大于等于	!==	不恒等

说明：恒等于"==="，只有运算符两端的操作数相等并且具有相同类型时，才返回真值，例如，0===0 为真，0==='0' 为假。

（6）逻辑运算符

逻辑运算符可以操作布尔型数据，PHP 逻辑运算符见表 3-8。

表3-8　PHP逻辑运算符

符　　号	用　　法	相　　当　　于
&&(and)	与/$a&&$b	$a和$b都为真时，返回真，否则为假
‖(or)	或/$a‖$b	$a和$b有一个为真时，返回真，否则为假
!	非/!$a	$a为真时，返回假，否则为真
xor	异或/$axor$b	$a或$b为真时，返回真，若都为真或假时，返回假

（7）其他运算符

PHP还提供了一种三元运算符 <?:>，它与 C 语言中的运算符相同，语法格式如下：

```
Condition?Value if True:value if False
```

运算规则：Condition 是需要判断的条件，当条件为真时，返回冒号前面的值；否则，返回冒号后面的值。

例如，代码 3-10：

```php
<?php
    $a=10;
    $b=$a>100?'YES':'NO';
    echo $b;                    //输出"NO"
?>
```

（8）运算符的优先级和结合性

前面介绍了很多运算符，当多个运算符联合使用时，哪个运算符首先起作用就成了问题，这涉及运算符的优先级问题。一般来说，优先级就是运算符的执行顺序。

另外运算符还有结合性，也就是同一优先级运算执行顺序问题。这种执行顺序通常是从左到右、从右到左或者非结合的顺序。运算符的优先级及结合性见表 3-9

表3-9　运算符的优先级及结合性

优　先　级	结合方向	运　算　符
1	非结合	New
2	从左到右	[]
3	非结合	++、--
4	非结合	!、~、-
5	从左到右	*、/、%
6	从左到右	+、-、.
7	从左到右	<<、>>
8	非结合	<、>、<=、>=
9	非结合	==、===、!=、!==
10	从左到右	&
11	从左到右	^
12	从左到右		
13	从左到右	&&
14	从左到右	‖

优 先 级	结合方向	运 算 符
15	从左到右	?:
16	从右到左	=、+=、-=、*=、/=、%=、.=
17	从左到右	and
18	从左到右	xor
19	从左到右	or
20	从左到右	,

2）表达式

操作数和操作符组合在一起即组成表达式。表达式是由一个或者多个操作符连接起来的操作数，用来计算出一个确定的值。

根据表达式中运算符的类型，可以把表达式分为：赋值表达式、算术表达式、逻辑表达式、位运算表达式、比较表达式、字符串表达式等。

7. 流程控制语句

控制结构确定了程序中的代码流程，例如，某条语句是否多次执行，执行多少次，以及某个代码块何时交出执行控制权。

1）if 条件结构

（1）if 语句

如果程序需要判断，最常用的便是 if 条件结构。if 的语法如下：

```
if(条件表达式){
...
}
```

例如，代码 3-11：

```
<?php
    $age=22;
    if($age>=18){
        echo "已成年.";  }              //输出"已成年"
?>
```

（2）if...else 条件语句

3.2.6 节中介绍的 if 语句只是针对条件满足时作出反应，而 if...else 则可以对条件满足或不满足的情况分别作出相应的操作，其语法为：

```
if(条件表达式){
    语句块1;}
else{
    语句块2; }
```

如果条件表达式的值为 true，则执行 if 后面的语句块 1；如果条件为 false，则执行 else

后面的语句块 2。

例如，代码 3-12：

```php
<?php
    $age=22;
    if($age>=18){
        echo "已成年";}
    else{
        echo "未成年";}              //输出"已成年"
?>
```

（3）if...else if 条件语句

if...else 语句只提供两种选择。但在某些情况下，遇到两种以上的选择，则需要使用多分支结构 if 语句，其语法为：

```
if(条件表达式1){
    语句块1;}
else if(条件表达式2){
    语句块2；}
......
else{
    语句块n；}
```

如果条件表达式 1 的值为 true，则执行语句块 1；否则如果条件表达式 2 的值为 true，则执行语句块 2；如果条件表达式均不满足，则执行语句块 n。

例如，已知商品的原价，利用 if...else 语句求商品的优惠价，其页面预览结果如图 3-7 所示。

（a）

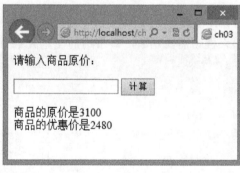
（b）

图3-7　页面预览结果

程序见代码 3-13：

```html
<html>
<head>
</head>
<body>
<form id="form1" name="form1" method="post" action="">
  <p>请输入商品原价:
</p>
  <p><label for="price"></label>
```

```
    <input type="text" name="price" id="price" />
    <input type="submit" name="button" id="button" value="计算" />
  </p>
</form>
<?php
if(isset($_POST['button']))            //判断计算按钮是否按下
{
    $price=$_POST['price'];            //接收文本框price的值
    if($price<1000)
        $newprice=$price;             //原价小于1000不优惠
    else if($price<3000)
        $newprice=$price*0.9;         //原价大于等于1000且小于3000，9折优惠
    else
        $newprice=$price*0.8;         //原价大于等于3000，8折优惠
    echo "商品的原价是".$price."<br>"."商品的优惠价是".$newprice;
}
?>
</body>
</html>
```

（4）switch 语句

当分支较多时，使用 if...else if 语句会让程序变得难以阅读；而多分支结构 switch 语句，则显得结构清晰，便于阅读。其语法为：

```
switch（表达式）{
case 常量表达式1:语句块1; break;
case 常量表达式2:语句块2; break;
……..
case 常量表达式n:语句块n; break;
[default:语句块n+1;break;]  }
```

switch 语句将表达式的值与常量表达式进行比较，如果相符，则执行相应常量表达式后面的语句块；如果表达式的值与所有常量表达式均不相符，则执行 default 后面的语句块。

例如，代码 3-14：

```
<?php
    $price=3000;
    switch($price){
    case ($price>2500):echo "购物满2500打8折";break;
    case ($price>1500):echo "购物满1500打9折";break;
    default:echo "不打折";break;
    }
?>
```

2）循环结构

PHP 中的循环结构与 C 语言类似，共有 3 种循环方式，分别为 while、do...while 和 for 语句。

（1）while 循环结构

while 循环为先测试循环，也就是只有条件判断成立后，才会执行循环内的程序。其语法为：

```
while(条件表达式){
循环体语句;
}
```

例如，代码 3-15：

```
<?php
    $a=6;
    while($a<10){                        //当$a小于10时，输出“$a<10”
        echo '$a<10';
        $a++;                            //循环体语句共执行4次
    }
?>
```

（2）do ...while 循环结构

do...while 又称为后测试循环。与 while 循环不同的是，do...while 循环一定要先执行一次循环体语句，然后再去判断循环是否终止。其语法为：

```
do{
   循环体语句;
}while(条件表达式）;
```

例如，代码 3-16：

```
<?php
    $a=6;
    do{
        echo '$a<10';
        $a++;                            //循环体语句共执行1次
    }while($a>10)
?>
```

（3）for 循环结构

在使用 for 循环时，需要判断变量的初始值与循环是否继续重复执行的条件，以及每循环一次后所要做的动作。其语法如下：

```
for(初始值；执行条件；执行动作){
    循环体语句;
}
```

例如，代码 3-17：

```
<?php
    for($i=2;$i<=4;$i++){
        echo "2*$i=".$i*2;              //输出“2*2=4 2*3=6 2*4=8”
    }
?>
```

（4）其他循环控制语句

在正常执行循环语句体时，难免在某些特殊情况下需要终止循环，这时需要一些特殊的语句来使程序流程跳出循环或者停止本次循环操作。PHP 中提供了两条语句 break 与 continue 来实现上述操作。break 语句的作用是跳出整个循环，执行后续代码；而 continue 语句的作用则是跳出本次循环，继续执行下一次循环操作。

（5）循环嵌套

在一个循环体内又包含了另一个完整的循环结构，称为循环嵌套。循环嵌套主要由 while 循环、do while 循环和 for 循环 3 种循环自身嵌套和相互嵌套构成。循环嵌套的外循环应"完全包含"内层循环，不能发生交叉；内层循环与外层循环的变量一般不应同名，以免造成混乱；嵌套循环要注意使用缩进格式，以增加程序的可读性。

例如，使用循环语句输出"九九乘法表"，其页面预览结果如图 3-8 所示。

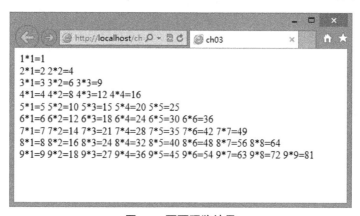

图3-8　页面预览结果

程序代码 3-18：

```php
<?php
    for($i=1;$i<=9;$i++){
        for($j=1;$j<=$i;$j++)
            echo $i.'*'.$j.'='.$i*$j.'    ';
        echo '<br>';
    }
?>
```

8. 数组

数组是一组数据的集合，这组数据的类型可以相同，也可以不同，数组将它们结合在一起形成一个可操作的整体。数组本身也是变量，其命名与变量命名规则一致。组成数组的元素称为数组元素。每个数组元素对应一个编号，这个编号称为数组的键（key），每个键对应一个值（value）。PHP 中有两种数组，即索引数组和关联数组。索引数组的键是整数，且从 0 开始标注。关联数组以字符串作为键。

1）创建数组

数组在使用之前，必须先进行创建。PHP 中有两种方式可以创建数组，一种是使用 array() 函数，另一种是直接赋值。其语法格式如下：

```
array([key=>]value,...)
```

例如，代码 3-19：

```php
<?php
    $stuinfo1=array('2014022201','张小欣','女','20');
    //使用array()函数创建索引数组
    $stuinfo2[0]='2014022201';                    //使用直接赋值方式创建数组
    $stuinfo2[1]='张小欣';
    $stuinfo2[2]='女';
    $stuinfo2[3]='20';
     $stuinfo3=array('stu_no'=>'2014022201','stu_name'=>'张小欣','stu_
sex'=>'女','stu_age'=>'20');
    //使用array()函数创建关联数组
?>
```

上述代码中使用了 3 种方法来创建数组。第 1 种方法省略了 "key=>" 的数组定义。第 3 种方法是完整定义。第 2 种方法中，若 key 为字符串，在调用数组元素时，务必记得在 key 两边添加上双引号，否则得不到正确的结果。PHP 中的数组可以是一维数组，也可以是多维数组。

2）遍历数组

遍历数组是指依次访问数组中的每一个数组元素，直到访问完为止。在遍历过程中可以完成对数组元素的查询或者其他的运算操作。PHP 中，常用的遍历数组的方法是 for 循环结构和 foreach 循环结构。

（1）for 循环结构

只有当数组是索引数组且该数组的索引（key）是连续整数时，方能使用 for 循环结构进行遍历。

例如，代码 3-20：

```php
<?php
    $stuinfo1=array('2014022201','张小欣','女','20');
    for($i=0;$i<count($stuinfo1);$i++)
        echo $stuinfo1[$i]."<br>";
?>
```

程序运行结果：

```
2014022201
张小欣
女
20
```

（2）foreach 循环结构

foreach 循环结构仅能用于数组。其语法如下：

```
foreach(array as [$key=>]$value)
```

例如，代码 3-21：

```php
<?php
    $stuinfo3=array('stu_no'=>'2014022201','stu_name'=>'张小欣','stu_
sex'=>'女','stu_age'=>'20');
    foreach($stuinfo3 as $key=>$value)
        echo $key.":".$value."<br>";
?>
```

程序运行结果：

```
Stu_no:2014022201
Stu_name:张小欣
Stu_sex:女
Stu_age:20
```

3）常见数组函数

（1）数组排序函数

在 PHP 中，数组排序函数有 sort()、resort()。sort() 函数实现对数组升序排序，resort() 函数实现对数组降序排序。其语法格式如下：

```
sort( $array, $sort_flags)
resort( $array, $sort_flags)
```

其中，$array 是指需要排序的数组，$sort_flags 是一个整型变量，省略情况下，是按照字母进行排序的，而其还有另外三种值，其含义如下。

SORT_REGULAR：正常比较，不改变数据类型。

SORT_NUMERIC：数组元素被作为数字来比较，将所有的数组元素转换为数字。

SORT_STRING：数组元素被作为字符串来比较，将所有的数组元素转换为字符串。

例如，代码 3-22：

```php
<?php
    $score=array(98,34,56,83,100);
    echo "排序前数组元素：".."<br>";
    foreach($score as $value)
        echo $value."<br>";
    sort($socre);
    echo "排序后数组元素：".."<br>";
    foreach($score as $value)
        echo $value."<br>";
?>
```

运行结果如下：

```
排序前数组元素：
98
34
56
83
```

```
100
排序后数组元素：
34
56
83
98
100
```

对关联数组进行排序时，可以使用 asort() 函数（升序排序）和 arsort() 函数（降序排序），以保持数组键名与元素值的对应关系。它们的语法格式如下：

```
asort( $array, $sort_flags)
arsort( $array, $sort_flags)
```

其中，$sort_flags 的参数与 sort() 函数一样。

例如，代码 3-23：

```php
<?php
    $score=array("yuwen"=>98,"shuxue"=>34,"english"=>56,"wuli"=>83,"
huaxue"=>100);
    echo "排序前数组元素："."<br>";
    foreach($score as $key=>$value)
        echo $key.":".$value."<br>";
    asort($score);
    echo "排序后数组元素："."<br>";
    foreach($score as $key=>$value)
        echo $key.":".$value."<br>";
?>
```

运行结果如下：

```
排序前数组元素：
yuwen:98
shuxue:34
english:56
wuli:83
huaxue:100
排序后数组元素：
shuxue:34
english:56
wuli:83
yuwen:98
huaxue:100
```

如果希望按照数组的键名进行排序，而并非按照数组元素值来进行排序，则可以使用 ksort() 函数和 krsort() 函数。

例如，代码 3-24：

```php
<?php
    $score=array("yuwen"=>98,"shuxue"=>34,"english"=>56,"wuli"=>83,"
huaxue"=>100);
```

```
    echo "排序前数组元素: "."<br>";
    foreach($score as $key=>$value)
        echo $key.":".$value."<br>";
    ksort($score);
    echo "排序后数组元素: "."<br>";
    foreach($score as $key=>$value)
        echo $key.":".$value."<br>";
?>
```

运行结果如下：

```
排序前数组元素:
yuwen:98
shuxue:34
english:56
wuli:83
huaxue:100
排序后数组元素:
english:56
huaxue:100
shuxue:34
wuli:83
yuwen:98
```

（2）数组查找函数

使用 array_search() 函数可以在数组中查找一个值，返回这个值所对应的键名，如果没有找到，则返回 false。其语法格式如下。

```
array_search($needle, $array)
```

其中，$needle 为想要查找的值，$array 为需要查找的数组。

例如，代码 3-25：

```
<?php
    $abc=array('one'=>'apple','two'=>'orange','three'=>'pear');
    $find='orange';
    $index=array_search($find,$abc);
    echo $index;
    echo "<br>";
    echo $abc[$index];
?>
```

运行结果如下：

```
two
orange
```

任务实施与测试

（1）创建两个页面：buy.php 和 order.php。前者用于用户输入订单数据，后者用于计算并显示用户提交的订单信息。

（2）在 buy.php 页面，将静态页面创建完毕，并使表单跳转至 order.php 页面。具体详细代码 3-26：

```html
<form id="form1" name="myform" method="post" action="order.php">
    <table width="367" height="181" border="1" align="center"
cellpadding="0" cellspacing="0" bordercolor="#990000">
    <tr>
      <td align="center" bgcolor="#CCCCCC">商品名称</td>
      <td align="center" bgcolor="#CCCCCC">数量</td>
    </tr>
    <tr>
      <td>ACA面包机</td>
      <td><label for="aqty"></label>
      <input type="text" name="aqty" id="aqty" /></td>
    </tr>
    <tr>
      <td>格拉斯耐热玻璃保鲜盒</td>
      <td><label for="bqty"></label>
      <input type="text" name="bqty" id="bqty" /></td>
    </tr>
    <tr>
      <td>堂彩随心杯子</td>
      <td><label for="cqty"></label>
      <input type="text" name="cqty" id="cqty" /></td>
    </tr>
    <tr>
      <td>请选择您在哪个区域</td>
      <td><label for="area"></label>
        <label for="area"></label>
        <select name="area" id="area">
          <option value="sh">上海</option>
          <option value="bj">北京</option>
          <option value="hk">香港</option>
          <option value="gz" selected="selected">广州</option>
        </select></td>
    </tr>
    <tr>
        <td colspan="2" align="center"><input type="submit" name="ok"
id="ok" value="提交" />      <input type="reset"
name="button2" id="button2" value="重置" /></td>
    </tr>
```

```
    </table>
    </form>
```

（3）在 order.php 页面，负责接收 buy.php 页面传递过来的数据，并且进行计算，具体代码 3-27：

```php
<?php
    define("APRICE",35.0);
    define("BPRICE",40.0);
    define("CPRICE",45.0);
    $aqty=@$_POST["aqty"];
    $bqty=@$_POST["bqty"];
    $cqty=@$_POST["cqty"];
    if(!empty($aqty)||!empty($bqty)||!empty($cqty))
    {
        echo "您".date("Y年m月d日")."在";
        switch($_POST["area"])
        {
            case ("sh"):echo"上海";break;
            case ("bj"):echo"北京";break;
            case ("hk"):echo"香港";break;
            case ("gz"):echo"广州";break;
        }
        echo "的订单如下：<br><br>";
        $qtytotal=$aqty+$bqty+$cqty;
        echo "您购商品总量为：".$qtytotal."件，详细如下：<br>";
        echo "ACA面包机：".$aqty."件，每件".APRICE."元<br>";
        echo "格拉斯耐热玻璃保鲜盒：".$bqty."件，每件".BPRICE."元<br>";
        echo "堂彩随心杯子：".$cqty."个，每个".CPRICE."元<br>";
        if($qtytotal<10)
            $discount=0;
        else if($qtytotal<50)
                $discount=5;
            else if($qtytotal<200)
                    $discount=10;
                else
                    $discount=20;
        $pricetotal=($aqty*APRICE+$bqty*BPRICE+$cqty*CPRICE)*((100-
$discount)/100);
        echo "您的折扣为：".$discount."%<br>";
        echo "您需要支付人民币".number_format($pricetotal,2)."元<br>";
    }
    else
    {
        echo "您没有订购商品，请按返回按钮重新订购，谢谢！";
        echo '<p><input type="button" value="返回" name="back"
onclick="window.history.back();"></p>';
    }
?>
```

任务拓展

完善 buy.php 和 order.php 页面功能：增加收货人、收货地址、联系电话、送货方式等信息。

任务3.3　商品计算功能实现

任务描述

在网上购物系统设计后续模块中，有一个购物车模块的开发，其中涉及计算的编程。现在来设计一个计算器程序，实现简单的加、减、乘、除运算，通过这个任务，让读者对函数与表单功能进行实际的应用，加深对这两部分的理解。页面预览效果如图 3-9 所示。

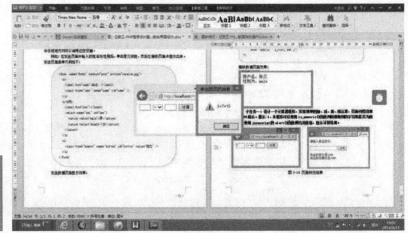

（a）　　　　　　　　　　　　　　　　（b）

图3-9　页面预览结果

知识储备

1. 函数

函数是一段完成指定任务的已命名代码，函数可以遵照给它的一组值或参数完成任务。PHP 中的函数有两种，一种是标准的程序内置函数，该类函数在 PHP 中已经预定义过，有数百种，用户可以不定义而直接使用。另一种是用户自定义函数，完全由用户根据实际需要而定义。

1）常用内置函数

（1）die() 和 exit() 函数

在 PHP 中，这两个函数的含义相同，只不过，die() 函数没有返回值，它的语法格式如下：

```
Void die([string $status])
```

如果参数 status 是字符串，则该函数会在退出前输出字符串；如果 status 是整数，这个值会被用作退出状态，退出状态的值为 0~254，状态 0 则用于成功地终止程序。

例如，代码 3-28：

```
<?php
    $abc="网上购物系统";
    echo $abc;
    die("程序终止");
    echo "该语句不会被执行";
?>
```

运行结果：

```
网上购物系统程序终止
```

（2）empty() 函数

empty() 函数用于检查变量是否为 0 或空值，如果变量为 0 或空值则返回 true，否则返回 false。其语法格式如下：

```
bool empty(mixed $ var)
```

（3）格式化 number_format() 函数

该函数的作用是通过千位分组来格式化数字。其语法格式如下：

```
String number_format (float number,[,int decimals[,string dec_point,
string thousands_sep]])
```

- number：需要格式化的数字，如果未设置其他参数，则数字会被格式化为不带小数点且以逗号(,)作为分隔符的字符串。
- decimals：规定小数位数。如果设置了该参数，则使用点号(.)作为小数点来格式化数字。
- dec_point：规定用作小数点的字符串。
- thousands_sep：规定用作千位分隔符的字符串。

例如，代码 3-29：

```
<?php
    echo number_format(1234);              //1,234
    echo ";";
    echo number_format(1234,2);            //1,234.00
    echo ";";
    echo number_format(1234,2,',','');     //1234,00
    echo ";";
    echo number_format(1234,2,'.','');     //1234.00;
?>
```

运行结果如下：

```
1,234;1,234.00;1234,00;1234.00
```

2）字符串函数

（1）统计字符串长度 strlen() 函数

该函数用于获取字符串的长度。汉字占两个字符，数字、英文、小数点等符号占一个字符位。

（2）截取字符串 substr() 函数

该函数从字符串的指定位置截取一定长度的字符。其语法格式如下：

```
string substr(string string,int start[,int length])
```

参数 string 用于指定字符串对象。start 用于指定开始截取的位置，如果 start 为负数，则从字符串的末尾开始截取。参数 length 表示截取的长度。

例如，代码 3-30：

```
<?php
    $var="图书是通过一定的方法与手段将知识内容以一定的形式和符号";
    if(strlen($var)>40)
        echo substr($var,0,40)."...";
    else
        echo $var;
?>
```

运行结果：

图书是通过一定的方法与手段将知识内容以一...

（3）字符串分割 explode() 函数

该函数将按照一定的规则将一个字符串进行分割，返回值为数组。语法格式如下：

```
array explode(string separator,string string[,int limit])
```

函数 separator 为分隔符，在 string 中进行分割，limit 表示返回数组中最多包含的元素个数。

（4）字符串合并 implode() 函数

该函数将数组中的元素合成一个字符串。语法格式如下：

```
string implode(string glue,array pieces)
```

参数 pieces 表示要合并的数组，参数 glue 为连接符。

例如，代码 3-31：对一个规律字符串先分割后输出，然后合并后再输出。

```
<?php
    $var1="使用*星号*分割*字符串";
    $arr=explode("*",$var1);
    foreach($arr as $value)
        echo $value."<br>";
    $var2=implode("-",$arr);
    echo $var2;
?>
```

运行结果如下：

使用

星号
分割
字符串
使用-星号-分割-字符串

3）自定义函数

（1）函数定义

PHP 中，自定义函数的语法格式如下：

```
function函数名([参数1,参数2,参数3......])
    {
        函数体;
        return函数返回值;
    }
```

定义函数时需要注意：

函数名称用于标识某个函数，PHP 中不允许函数重名，且函数名称只能包括数字、字母和下画线，并且不能以数字开头。

PHP 自定义函数不能与 PHP 内置函数同名，也不能与 PHP 关键字同名。

函数体必须用大括号"{ }"括起来，即使只包含一条语句。函数可以没有返回值。

（2）函数调用

PHP 中，可以直接用函数名称进行函数的调用。如果函数带有参数，调用时需要传递相应参数。其语法格式如下：

```
函数名（实参列表）;
```

例如，代码 3-32：自定义函数，实现从 0 到 n 的累加和；使用该函数，计算 0 到 10 的累加和。

```php
<?php
    function jiafa($n)                  //定义函数
    {
        $sum=0;
        for($i=0;$i<=$n;$i++)
            $sum+=$i;
        echo $sum;
    }
    jiafa(10);                          //调用函数，运行结果为55
?>
```

（3）参数传递

函数调用过程中，需要向函数传递参数，被传入的参数称为实参（如代码 3-32 中的 10），而函数定义的参数称为形参（如代码 3-32 中的 $n），参数传递的方式主要有值传递和引用传递。

值传递是实参在调用函数前后不发生改变，传递的只是实参的值，函数调用结束后，该实参的值保持不变。

例如，代码 3-33：

```php
<?php
    function abc($m){
```

```
        $m=$m+$m;
        echo "函数内部:".$m;
    }
    $m=10;
    abc($m);
    echo "<br>"."函数外部:".$m;
?>
```

运行结果如下：

```
函数内部：20
函数外部：10
```

如果希望参数在函数内部改变值的同时，也改变函数外部该参数的值，就需要用到引用传递，引用传递的方式为在参数前面添加"&"符号。

例如，代码3-34：

```
<?php
    function abc(&$m){
        $m=$m+$m;
        echo "函数内部:".$m;
    }
    $m=10;
    abc($m);
    echo "<br>"."函数外部:".$m;
?>
```

运行结果如下：

```
函数内部：20
函数外部：20
```

2. PHP 表单处理

在程序中，要和用户交互就需要使用表单。

1）HTML 表单组成

（1）表单

表单是 HTML 中最常用的元素之一，由 <form>...</form> 标记组成，其语法格式如下：

```
<form name="form1" action="index.php" method="get" >...</form>
```

其中 name、action、method 为表单的常用属性，其作用如下。

- name：指明该表单的名字，在同一个页面中，表单具有唯一的名称。
- action：指明表单数据的接收方页面URL地址。
- method：指明表单数据提交的方式，有get和post两种方式。get方式是将表单数据以url传值的方式提交，即将数据附加至url后面以参数形式发送；post方式是将表单数据以隐藏方式发送。

（2）表单元素

表单元素包含文本框、密码框、隐藏域、复选框、单选框、提交按钮、下拉列表框和文件上传框等，用于采集用户输入或选择的数据。下面以文本框为例，介绍表单元素的常用属性。

```
<input type="text" name="..." maxlength="..." value="...">
```

其中 type、name、maxlength 和 value 的作用如下。

- type：指明表单元素类型，"text"表示为文本框，"checkbox"表示为复选框。
- name：指明该表单元素的名字，同样也具有唯一性。
- maxlength：指明该表单元素最多可以输入的字符数。
- value：指明该表单元素的初始值。

2）表单传值

页面中表单数据传送方式有两种，一种是 get，另一种是 post。同样，页面中接收表单数据的方式也有两种，一种是 $_GET，另一种是 $_POST，它们属于 PHP 中的全局变量，在 PHP 中任何地方均可以调用这些变量。

例如，在发送页面中输入姓名与性别后，单击提交按钮，然后在接收页面中显示出来。发送页面表单代码 3-35：

```
<form  name="form1" method="post" action="3-34.php">
  <p>
    <label for="name">姓名：</label>
    <input type="text" name="name" id="name" />
  </p>
  <p>性别：
    <label for="sex"></label>
    <select name="sex" id="sex">
      <option value="male">男</option>
      <option value="female">女</option>
    </select>
  </p>
  <p>
    <input type="submit" name="button" id="button" value="提交" />
  </p>
</form>
```

接收页面代码 3-36：

```
<?php
    echo '用户名：'.$_POST['name'];
    echo '<br>';
    echo '性别为：'.$_POST['sex'];;
?>
```

接收数据页面效果如下。

用户名：张三
性别为：male

页面预览结果如图 3-10 所示。

图3-10 页面预览结果

任务实施与测试

1. 新建页面

在此页面中利用表单与函数功能制作程序。

2. 静态代码

在创建的页面中，创建静态页面的代码见代码 3-37。

代码 3-37：

```html
<html>
<head>
<title>计算器程序</title>
<meta http-equiv="Content-Type" content="text/html; charset=gb2312">
</head>
<body>
<form method=post>
<table>
<tr><td><input type="text" size="4" name="number1">
    <select name="caculate">
    <option value="+">+
    <option value="-">-
    <option value="*">*
    <option value="/">/
    </select>
    <input type="text" size="4" name="number2">
    <input type="submit" name="ok" value="计算">
    </td>
</tr>
</table>
</form>
</body>
</html>
```

3. 动态代码

在页面中插入如下 PHP 代码，此代码嵌入上述代码 3-37 中：

```php
<?php
function cac($a, $b, $caculate)           //定义cac函数，用于计算两个数的结果
{
        if($caculate=="+")                //如果为加法则相加
            return $a+$b;
        if($caculate=="-")                //如果为减法则相减
            return $a-$b;
        if($caculate=="*")                //如果为乘法则返回乘积
```

```
            return $a*$b;
        if($caculate=="/"){
            if($b=="0")                          //判断除数是否为0
                echo "除数不能等于0";
            else
                return $a/$b;                     //除数不为0则相除
        }
    }
    if(isset($_POST['ok'])){
        $number1=$_POST['number1'];              //得到数1
        $number2=$_POST['number2'];              //得到数2
        $caculate=$_POST['caculate'];            //得到运算的动作
        //调用is_numeric()函数判断接收到的字符串是否为数字
        if(is_numeric($number1)&&is_numeric($number2))
        {
            //调用cac函数计算结果
            $answer=cac($number1,$number2,$caculate);
             echo "<script>alert('".$number1.$caculate.$number2."=".$answe
r."')</script>";
        }
        else
            echo "<script>alert('输入的不是数字！')</script>";
    }
    ?>
```

任务拓展

设计一个类似于 Windows 附件中"计算器"功能的程序，且运行通过。

项目重现

完成BBS系统前台页面设计与制作

1. 项目目标

完成本项目后，读者能够：
- 搭建BBS系统的动态站点。
- 设计并制作BBS系统所有页面的前台界面。
- 制作并实现简单的PHP代码功能。

2. 知识目标

完成本项目后，读者应该熟悉：
- 搭建PHP动态网页站点。

- 制作页面的前台界面。
- PHP的基本语法结构。

3．项目介绍

首先将 BBS 系统的 PHP 动态站点建立完毕，然后设计并制作首页的前台界面，再依此设计其他页面的前台界面并制作。最后操作任务 3.2 与任务 3.3 并运行成功。

4．项目内容

（1）建立 BBS 系统的动态站点

BBS 系统是一个网站系统，该系统所用的所有页面均需要放在站点中，又因为 BBS 系统是 PHP 动态网站，所以需要建立一个相应的 PHP 动态站点。

（2）设计并制作 BBS 系统首页的前台界面

运用 <table> 标签设计并制作首页界面，要求颜色搭配合理，布局整齐清晰。

（3）设计并制作 BBS 系统其他所有页面的前台界面

依照 BBS 系统首页的颜色及布局方式，制作其他页面的前台界面，要求颜色风格统一，布局合理清晰。

（4）实现简单的 PHP 代码功能

操作并运行任务 3.2 和任务 3.3，以达到测试动态站点是否成功建立，以及熟悉 PHP 基本语法结构的目的。

网上购物系统数据库设计

 学习目标

开发一个动态网站需要使用数据库保存数据信息。PHP 支持操作多种数据库系统，如 MySQL、SQL Server 和 Oracle 等。在各种数据库中，MySQL 由于其免费、跨平台、使用方便、访问效率高等优点得到了广泛应用。本项目主要讲解如何使用 PHP 操作 MySQL 数据库，以及网上购物系统的数据库设计。

 知识目标

- 掌握结构化查询语言SQL
- 掌握MySQL的登录和用户管理
- 能维护MySQL数据库
- 能维护MySQL数据表

- 能维护和选取数据表的记录
- 掌握MySQL数据库管理工具phpMyAdmin 的操作方法

 技能目标

- 能利用MySQL数据库进行数据表的创 建和管理

- 能利用phpMyAdmin进行数据库的创 建和管理

项目背景

要想长期保留网站数据，除了可以把数据存储在文件中，还可以使用数据库保存数据信息。PHP 支持操作多种数据库系统，如 MySQL、Access 和 Oracle 等。其中，PHP 和 MySQL 的组合使用最为广泛，称为最佳组合。本项目首先学会让读者学会数据库中数据的各种操作；接着介绍 MySQL 数据库系统的相关操作，以让读者学会如何操作数据库、数据表；最后根据前几个项目对网上购物系统的需求分析，设计系统所需的数据库表。

任务实施

为网上购物系统设计数据库表，以及如何使用 PHP 操作 MySQL 数据库表。

任务4.1 数据库设计

 任务描述

　　数据库在 Web 应用中占有非常重要的地位。无论是什么样的应用，其最根本的功能就是对数据的操作和使用。PHP 只有与数据库相结合，才能充分发挥动态网页编程语言的魅力。所以，只有先做好数据库的分析、设计与实现，才能进一步实现对应的功能模块。

 知识储备

　　网上购物系统可以实现从用户注册到购买商品的全部流程，并且在后台管理中有对商品、商品类型、用户、公告信息、留言信息的添加和管理功能，对于提交的订单可以进行审核操作和发货管理。因此，根据系统的需求，需要设计相应的数据库表，才能实现对数据的存储和使用。

1.　实体图

　　通过考查事件列表中的事件，可以抽象出某个事件影响了哪些事务，从而确定出系统所使用的事务。对网上购物系统而言，存在以下事务：用户、商品、公告、留言、评价、订单、分类，这些事务对应于 E-R 模型中的实体。事务间存在着联系，这些联系对应于 E-R 模型中实体间的关系。对于网上购物系统而言，一个用户可以提交多个订单，一个订单中可以包含多个商品，一个商品可以具有多条评价。网上购物系统的 E-R 模型图如图 4-1 ～图 4-3 所示。

　　该 E-R 模型中共有如下实体。

　　（1）用户实体

　　自增 ID、用户昵称、MD5 密码、冻结状态、电子邮件、身份证号、电话、QQ、密码提示、提示答案、地址、邮编、注册时间、真实姓名和密码。

　　（2）分类实体

　　自增 ID、类别名称。

　　（3）订单实体

　　自增 ID、订单号、高品列表、数量列表、收货人、性别、地址、邮编、电话、电子邮件、收货方式、支付方式、简单留言、下单人、状态和总计金额。

　　（4）公告实体

　　自增 ID、公告主题、公告内容和时间。

　　（5）留言实体

　　自增 ID、用户 ID、留言标题、内容和时间。

　　（6）评价实体

　　自增 ID、用户 ID、商品 ID、评价主题、评价内容和时间。

（7）商品实体

自增 ID、商品名称、商品简介、加入时间、商品等级、商品型号、商品图片、商品数量、购买次数、是否推荐、分类 ID、会员价、市场价和品牌。

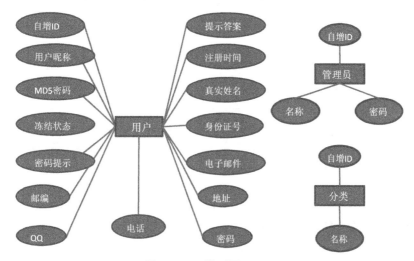

图4-1 E-R模型图（一）

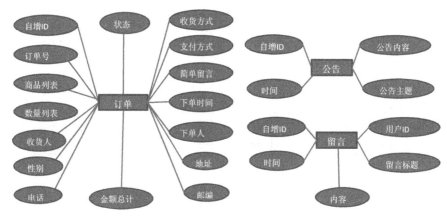

图4-2 E-R模型图（二）

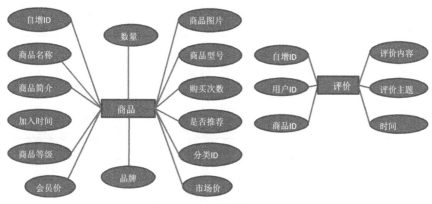

图4-3 E-R模型图（三）

任务实施与测试

本任务主要建立如下 8 个数据表（见表 4-1～表 4-8）。

（1）管理员表：用于存储网站管理员的相关信息，如表 4-1 所示。

表4-1　管理员表

表名	管理员表（tb_admin）				
列名	数据类型（精度范围）	是否空	默认值	约束条件	其他
自增ID（id）	int(4)	not null		PKI	auto_increment
名称（name）	varchar(25)	not null	无	UQI	
密码（pwd）	varchar(50)	not null	无		
补充说明					

（2）订单表：用于存储用户订单的内容，如表 4-2 所示。

表4-2　订单表

表名	订单表（tb_dingdan）				
列名	数据类型（精度范围）	是否空	默认值	约束条件	其他
自增ID（id）	int(4)	not null		PKI	auto_increment
订单号（dingdanhao）	varchar(125)	not null	无	UQI	
商品列表（spc）	varchar(125)	not null	无		
数量列表（slc）	varchar(125)	not null	无		
收货人（shouhuoren）	varchar(25)	null	无		
性别（sex）	varchar(2)	not null	男		
地址（dizhi）	varchar(125)	not null	无		
邮编（youbian）	varchar(25)	not null	无		
电话（tel）	varchar(25)	not null	无		
电子邮件（email）	varchar(25)	not null	无		
收货方式（shff）	varchar(25)	not null	无		
支付方式（zfff）	varchar(25)	not null	无		
简单留言（leaveword）	mediumtext	null	无		
下单时间（time）	date	not null	无		
下单人（xiadanren）	varchar(25)	not null	无		
状态（zt）	varchar(50)	not null	无		
金额总计（total）	varchar(25)	not null	无		
补充说明					

（3）公告表：用于存储系统公告，如表 4-3 所示。

表4-3 公告表

表名	公告表（tb_gonggao）				
列名	数据类型（精度范围）	是否空	默认值	约束条件	其他
自增ID（id）	Int(4)	not null		PKI	auto_increment
公告主题（title）	varchar(100)	not null	无		
公告内容（content）	text	not null	无		
时间（time）	date	not null	无		
补充说明					

（4）留言表：用于存储用户对商品的留言信息，如表4-4所示。

表4-4 留言表

表名	留言表（tb_leaveword）				
列名	数据类型（精度范围）	是否空	默认值	约束条件	其他
自增ID（id）	int(4)	not null			auto_increment
用户ID（userid）	int(4)	not null	无		
留言标题（title）	varchar(200)	not null	无		
留言内容（content）	text	not null	无		
时间（time）	varchar(50)	not null	无		
补充说明					

（5）评价表：用于存储商品的评价内容，如表4-5所示。

表4-5 评价表

表名	评价表（tb_pingjia）				
列名	数据类型（精度范围）	是否空	默认值	约束条件	其他
自增ID（id）	int(4)	not null			auto_increment
用户ID（userid）	int(4)	not null	无		
商品ID（spid）	int(4)	not null	无		
评价主题（title）	varchar(200)	not null	无		
评价内容（content）	text	not null	无		
时间（time）	date	not null	无		
补充说明					

（6）商品表：用于存储商品的基本信息，如表4-6所示。

表4-6　商品表

表名	商品表（tb_shangpin）				
列名	数据类型（精度范围）	是否空	默认值	约束条件	其他
自增ID（id）	int(4)	not null		PKI	auto_increment
商品名称（mingcheng）	varchar(25)	not null	无		
商品简介（jianjie）	mediumtext	not null	无		
加入时间（addtime）	date	not null	无		
商品等级（dengji）	varchar(5)	not null	无		
商品型号（xinghao）	varchar(25)	not null	无		
商品图片（tupian）	varchar(200)	null	无		
剩余数量（shuliang）	int(4)	not null	无		
购买次数（cishu）	int(4)	not null	无		
是否推荐（tuijian）	int(4)	not null	无		
分类ID（typeid）	int(4)	not null	无		
会员价（huiyuanjia）	varchar(25)	not null	无		
市场价（shichangjia）	varchar(25)	not null	无		
品牌（pinpai）	varchar(25)	not null	无		
补充说明					

（7）分类表：用于存储商品的类别信息，如表 4-7 所示。

表4-7　分类表

表名	分类表（tb_type）				
列名	数据类型（精度范围）	是否空	默认值	约束条件	其他
自增ID（id）	int(4)	not null		PKI	auto_increment
分类名称（typesname）	varchar(50)	not null	无		
补充说明					

（8）用户表：用于存储用户的各种信息，如表 4-8 所示。

表4-8　用户表

表名	用户表（tb_user）				
列名	数据类型（精度范围）	是否空	默认值	约束条件	其他
自增ID（id）	int(4)	not null		PKI	auto_increment
用户昵称（name）	varchar(25)	not null	无	UQI	
MD5密码（pwd）	varchar(50)	not null	无		
冻结状态（type）	int(4)	not null	无		
电子邮件（email）	varchar(25)	not null	无		
身份证号（sfzh）	varchar(25)	not null	无		

续 表

表名	用户表（tb_user）				
列名	数据类型（精度范围）	是否空	默认值	约束条件	其他
电话（tel）	varchar(25)	not null	无		
QQ（qq）	varchar(25)	null	无		
密码提示（tishi）	varchar(50)	not null	无		
提示答案（huida）	varchar(50)	not null	无		
地址（dizhi）	varchar(100)	not null	无		
邮编（youbian）	varchar(25)	null	无		
注册时间（regtime）	date	not null	无		
真实姓名（truename）	varchar(25)	not null	无		
密码（pwd1）	varchar(50)	not null	无		
补充说明					

任务4.2　MySQL数据库操作

 ## 任务描述

数据库在 Web 应用中占有非常重要的地位。绝大多数的 Web 系统均采用数据库保存数据资料。网上购物系统 Web 应用程序开发平台采用 WAMP（Windows+Apache+MySQL+PHP）。通过本任务的学习，读者将学习如何使用命令行方式在 PHP 中创建网上购物系统的数据库表；如何使用 phpMyAdmin 管理、操作数据库，以及对数据库的安全管理。

 ## 知识储备

MySQL 是一个开放源码的小型关联式数据库管理系统，开发者为瑞典 MySQL AB 公司。MySQL 被广泛地应用在 Internet 上的中小型网站中。由于其体积小、速度快、总体拥有成本低，尤其是开放源码这一特点，许多中小型网站为了降低网站成本而选择了 MySQL 作为网站数据库。

MySQL 的海豚标志的名称为"sakila"，代表速度、力量、精确，它是由 MySQL AB 的创始人从用户在"海豚命名"的竞赛中建议的大量的名字表中选出的，如图 4-4 所示。2008 年 1 月 16 日，MySQL AB 被 SUN 公司收购；而 2009 年，SUN 公司又被 Oracle 收购，就这样 MySQL 成为了 Oracle 公司的另一个数据库项目。

与其他的大型数据库如 Oracle、DB2、SQL Server 等相比，

图4-4　MySQL图标

MySQL 自有它的不足之处，但是这丝毫也没有减少它受欢迎的程度。对于一般的个人使用者和中小型企业来说，MySQL 提供的功能已经绰绰有余；而且由于 MySQL 是开放源码软件，因此可以大大降低总体拥有成本。比如，用 Linux 作为 操作系统，Apache 和 Nginx 作为 Web 服务器，MySQL 作为数据库，PHP/Perl/Python 作为服务器端脚本解释器。由于这 4 个软件都是免费或开放源码软件，因此使用这种方式不用花一分钱（除去人工成本）就可以建立起一个稳定、免费的网站系统，被业界称为"LAMP"组合，如图 4-5 所示。

图4-5　LAMP

　　MySQL 的特性包括如下内容：

　　① 使用 C 和 C++ 语言编写，并使用了多种编译器进行测试，保证源代码的可移植性。

　　② 支持 AIX、FreeBSD、HP-UX、Linux、Mac OS、Novell Netware、OpenBSD、OS/2 Wrap、Solaris、Windows 等多种操作系统。

　　③ 为多种编程语言提供了 API。这些编程语言包括 C、C++、Python、Java、Perl、PHP、Eiffel、Ruby 和 Tcl 等。

　　④ 支持多线程，充分利用 CPU 资源。

　　⑤ 优化的 SQL 查询算法，有效地提高查询速度。

　　⑥ 既能够作为一个单独的应用程序应用在客户端服务器网络环境中，也能够作为一个库而嵌入到其他的软件中。

　　⑦ 提供多语言支持，常见的编码如中文的 GB 2312、BIG 5，日文的 Shift_JIS 等都可以用作数据表名和数据列名。

　　⑧ 提供 TCP/IP、ODBC 和 JDBC 等多种数据库连接途径。

　　⑨ 提供用于管理、检查、优化数据库操作的管理工具。

　　⑩ 支持大型的数据库。可以处理拥有上千万条记录的大型数据库。

　　⑪ 支持多种存储引擎。

1．MySQL 服务的启动与停止

1）启动服务程序

在安装了 MySQL 之后，安装目录的 bin 目录下会有如下服务程序。

（1）MySQL 服务器和服务器启动脚本。

　　① mysqld 是 MySQL 服务器。

　　② mysqld_safe、mysql.server 和 mysqld_multi 是服务器启动脚本。

　　③ mysql_install_db 初始化数据目录和初始数据库。

（2）访问服务器的客户程序（见图 4-6）。

　　① mysql 是一个命令行客户程序，用于交互式或以批处理模式执行 SQL 语句。

　　② mysqladmin 是用于管理功能的客户程序。

　　③ mysqlcheck 执行表维护操作。

④ mysqldump 和 mysqlhotcopy 负责数据库备份。

⑤ mysqlimport 导入数据文件。

⑥ mysqlshow 显示信息数据库和表的相关信息。

（3）独立于服务器操作的工具程序

① myisamchk 执行表维护操作。

② myisampack 产生压缩、只读的表。

③ mysqlbinlog 是处理二进制日志文件的实用工具。

④ perror 显示错误代码的含义。

MySQL 服务器，即 mysqld，在 MySQL 中负责大部分工作的主程序。服务器随附了几个相关脚本，当用户安装 MySQL 时它们可以执行设置操作，或者用于启动和停止服务器的帮助程序。

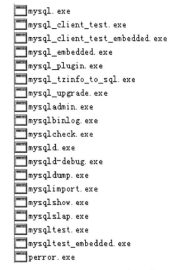

图4-6　MySQL服务程序

2）Windows 系统下启动 MySQL

以 WAMP 集成安装环境为例。在主流的 Windows 操作系统下，启动 MySQL 可使用多种方式。

（1）以命令行的方式使用指令启动 MySQL 服务，在选择"开始"→"运行"命令后，在弹出的窗口提示框中输入"cmd"指令，即可打开用户终端并输入 net start wampmysqld，如图 4-7 所示。

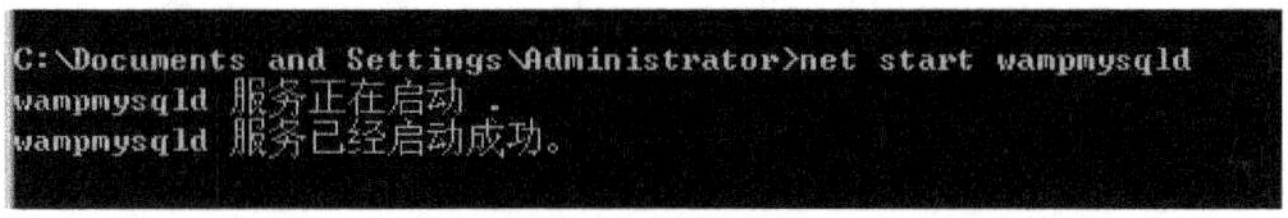

```
C:\Documents and Settings\Administrator>net start wampmysqld
wampmysqld 服务正在启动 .
wampmysqld 服务已经启动成功。
```

图4-7　以命令行方式开启MySQL服务

（2）手动启动、停止 MySQL 服务。单击任务栏的系统托盘中的 WampServer 图标，弹出如图 4-8 所示的界面，用来管理 WampServer 服务。

① 单击"Start All Services"选项，则启动 Apache 和 MySQL 服务。

② 单击"Stop All Services"选项，则停止 Apache 和 MySQL 服务。

③ 单击"Restart All Services"选项，则重启 Apache 和 MySQL 服务。

3）操作系统自动启动 MySQL 服务

通过单击"开始"→"设置"→"控制面板"方式打开控制面板；在单击"管理工具"→"服务"方式查看系统所有服务。在服务中找到 wampmysqld 和 wampapache 服务，这两个服务分别代表 MySQL 服务和 Apache 服务。双击某种服务，在打开的对话框"常规"选项卡中，将启动类型由"手动"改为"自动"，单击"确定"按钮即可设置该服务为自动启动，如图 4-9 所示。

图4-8　WAMP 界面

图4-9　自动启动MySQL服务

4）关闭服务

与启动 MySQL 服务器相对应，停止 MySQL 服务器也有几种方式。可以在"管理工具"→"服务"窗口中双击 MySQL 服务，在弹出的窗口中单击"停止"按钮，即可停止 MySQL 服务。

还可以采用 mysqladmin 命令行方式。首先用 DOS 命令切换到 MySQL 的安装 bin 目录下，本机所示为 D:\wamp\bin\mysql\mysql5.5.24\bin，然后输入如下命令（见图 4-10）：

```
mysqladmin -uroot -p123456 shutdown
```

此时注意观察 Wamp 图标已由绿色变为橙色。

```
D:\wamp\bin\mysql\mysql5.5.24\bin>mysqladmin -uroot -p123456 shutdown

D:\wamp\bin\mysql\mysql5.5.24\bin>
```

图4-10　以命令行方式关闭MySQL服务

2. MySQL 的登录与退出

1）命令行方式登录

当用户开启 MySQL 服务后，就可以使用用户名和密码登录 MySQL 数据库进行相关操作。MySQL 的默认用户是 root，登录数据库的命令如下：

```
mysql -h 主机地址 -u 用户名 -p 用户密码
```

为了用户的安全性，用户可在输入"-p"指令后按 Enter 键，这样在下一行会出现"Enter password："用户提示，这样输入的密码信息会被星号"*"隐藏。

（1）连接到本机上的 MySQL。

首先打开 DOS 窗口，然后进入 MySQL 安装目录，本例是 D:\wamp\bin\mysql\mysql5.5.24\bin，再键入命令 mysql –u root -p，按 Enter 键后提示用户输入密码。如果刚安装好 MySQL，超级用户 root 是没有密码的，故直接按 Enter 键即可进入 MySQL 中。MySQL

的提示符是：mysql>，如图 4-11 所示。

```
D:\wamp\bin\mysql\mysql5.5.24\bin>mysql -u root -p
Enter password:
Welcome to the MySQL monitor.  Commands end with ; or \g.
Your MySQL connection id is 1
Server version: 5.5.24-log MySQL Community Server (GPL)

Copyright (c) 2000, 2011, Oracle and/or its affiliates. All rights reserved.

Oracle is a registered trademark of Oracle Corporation and/or its
affiliates. Other names may be trademarks of their respective
owners.

Type 'help;' or '\h' for help. Type '\c' to clear the current input statement.

mysql>
```

图4-11　连接MySQL服务器

（2）连接到远程主机上的 MySQL。假设远程主机的 IP 为 110.110.110.110，用户名为 root，密码为 abcd123，则键入如下命令：

```
mysql -h 110.110.110.110 -u root -p abcd123
```

（注：u 与 root 之间可以不用加空格）

（3）退出 MySQL 命令：exit 或者 quit（回车），如图 4-12 所示。

```
mysql> quit
Bye
```

图4-12　退出MySQL服务器

 注意

想要成功连接到远程主机，需要在远程主机打开 MySQL 远程访问权限。

方法为：在远程主机中以管理员身份进入，输入如下命令。

```
mysql>GRANT ALL PRIVILEGES ON *.* TO 'netuser'@%'IDENTIFIEDBY '123456'
WITH GRANT OPTION;
```

赋予任何主机访问数据的权限。

```
mysql>FLUSH PRIVILEGES;
```

修改生效。netuser 为使用的用户名，密码为 123456。

在远程主机上设置好之后，才可通过 mysql -h110.110.110.110 –unetuser -p123456 连接进入远程主机访问 MySQL 数据资源。

2）Wamp 环境下登录与退出

Wamp 提供了 MySQL console 命令窗口，在客户端实现与 MySQL 服务器之间的连接。单击系统托盘中的 WampServer 图标，选择 "MySQL" → "MySQL console" 命令，打开命令窗口 MySQL console，如图 4-13 所示。

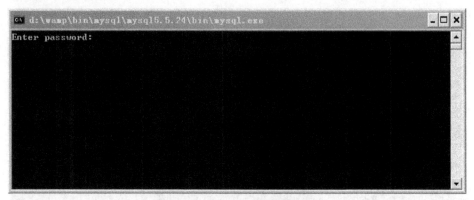

图4-13　WAMP开启后登录窗口

输入 MySQL 服务器 root 用户的密码，按回车键（若密码是默认密码空字符串，直接按回车键即可）。如果密码输入正确，将出现如图 4-14 所示的提示界面（提示当前数据库连接的 ID 号为 1 或其他整数），此时表明 MySQL 命令窗口成功连接数据库服务器。

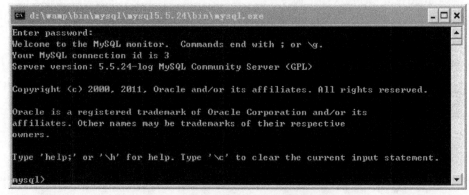

图4-14　成功连接MySQL服务器界面

3. 修改密码

默认密码为空，很不安全，可以使用如下命令修改密码。格式如下：

```
mysqladmin -u用户名 -p旧密码 password 新密码
```

（1）给 root 添加密码 abc123。首先在 DOS 下进入目录 MySQL 命令所在的 bin 目录，然后输入如下命令。

```
mysqladmin -uroot  password  abc123
```

注：因为开始时 root 没有密码，所以 -p 旧密码一项可以省略。修改密码命令如图 4-15 所示。

```
D:\wamp\bin\mysql\mysql5.5.24\bin>mysqladmin -uroot password abc123
```

图4-15　修改密码命令

修改新密码后，再尝试登录，此时需要输入密码，如图 4-16 所示。

图4-16　修改命令后再尝试连接界面

（2）再将 root 的密码改为 123456，输入如图 4-17 所示的命令。

```
mysqladmin -uroot -pabc123 password 123456
```

```
D:\wamp\bin\mysql\mysql5.5.24\bin>mysqladmin -uroot -pabc123 password 123456

D:\wamp\bin\mysql\mysql5.5.24\bin>
```

图4-17　修改密码命令

注意：password 后需要有空格。

4．增加新用户

默认 MySQL 数据库中只有 root 用户，可以增加一些普通用户。格式如下：

```
grant select on 数据库.* to 用户名@登录主机 identified by"密码"
```

（1）增加一个用户 test1 密码为 abc，使其可以在任何主机上登录，并对所有数据库有查询、插入、修改、删除的权限。首先用 root 用户连入 MySQL，然后输入如下命令：

```
grant select,insert,update,delete on *.* to test1@"%" identified by "abc";
```

但这样增加用户是十分危险的，设想如果某人知道 test1 的密码，那么他就可以在 Internet 上的任何一台电脑上登录 MySQL 数据库并对数据库为所欲为了，解决办法参见（2）。

（2）增加一个用户 test2 密码为 abc，使其只可以在 localhost 上登录，并只能对特定数据库进行查询、插入、修改、删除的操作（localhost 指本地主机，即 MySQL 数据库所在的那台主机，数据库假设为网上购物系统数据库 db_shop），这样用户即使知道 test2 的密码，也无法从 Internet 上直接访问数据库，只能通过 MySQL 主机上的 Web 页来访问，如图 4-18 所示。

```
mysql> grant select,insert,update,delete on db_shop.* to test2@localhost identif
ied by "test2"
    -> ;
Query OK, 0 rows affected (0.06 sec)

mysql>
```

图4-18　grant命令分配权限

如果不想 test2 有密码，可以再输入一个如下命令将密码消掉。

```
grant select,insert,update,delete on db_shop.* to test2@localhost identified by "";
```

注意

grant 命令因为是 MySQL 环境中的命令，所以后面需带一个分号作为命令结束符。如果输入命令时，回车后发现忘记加分号，无须重输入一遍命令，只要输入分号回车即可。也就是说可以把一个完整的命令分成几行来输入，完后用分号作结束标志。另外可以使用键盘的上、下键调出以前的命令。

任务实施与测试

下面来分析 MySQL 中有关数据库方面的操作。MySQL 服务器在安装后默认创建了 information_schema、mysql、test 三个数据库。前两个数据库用于存储 MySQL 的用户管理、操作和服务等信息。test 数据库为默认创建的一个测试数据库，默认为空。在命令行中，可使用如下命令查看当前有哪些数据库。

```
show databases;
```

注意

必须首先登录到 MySQL。以下操作都是在 MySQL 的提示符下进行的，而且每个命令以分号结束。

1）MySQL 数据库的操作

（1）创建数据库

在实际的应用中，通常需要创建新的数据库，而不使用默认创建的数据库。创建数据库可使用如下命令：

```
create database dbname;
```

其中，dbname 为要创建的数据库的名称。例如，创建一个名为"mydb"的数据库，可使用如下命令。

```
create database mydb;
```

当按 Enter 键后，会出现类似"Query OK,1 row affected"的信息，表明命令成功执行，数据库创建成功。可使用"show databases;"命令查看当前创建的数据库，如图 4-19 所示。

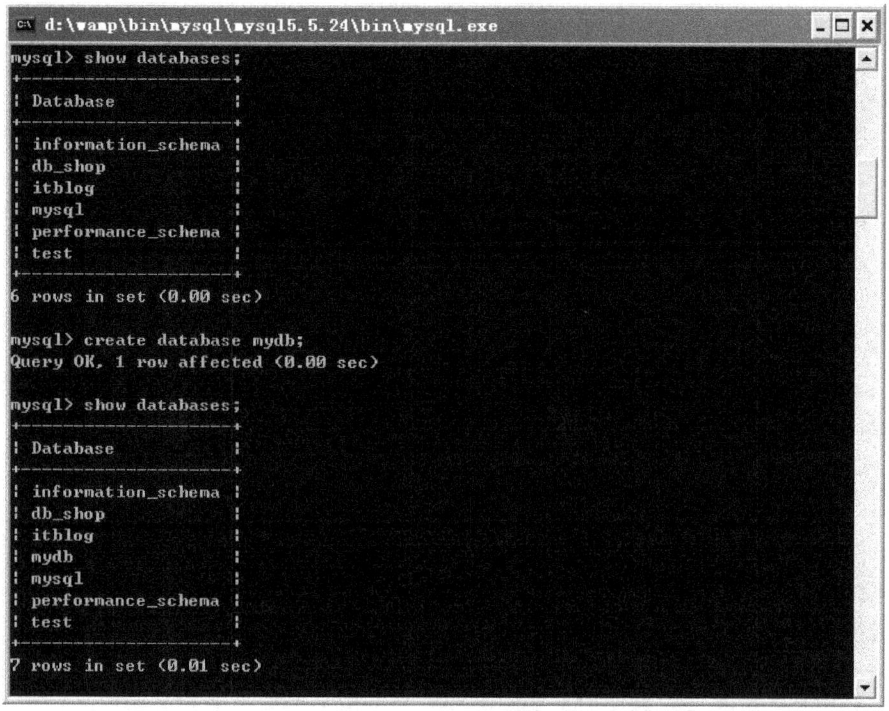

图4-19 创建数据库

（2）删除数据库

在实际的应用中，有时需要删除已废弃或不再使用的数据库。删除数据库可使用如下命令：

```
drop database mydb;
```

当按 Enter 键后，会出现类似"Query OK,0 row affected"的信息，表明命令成功执行，数据库删除成功。再使用"show databases；"命令查看当前的数据库，刚才创建的 mydb 数据库已经被删除了，如图 4-20 所示。

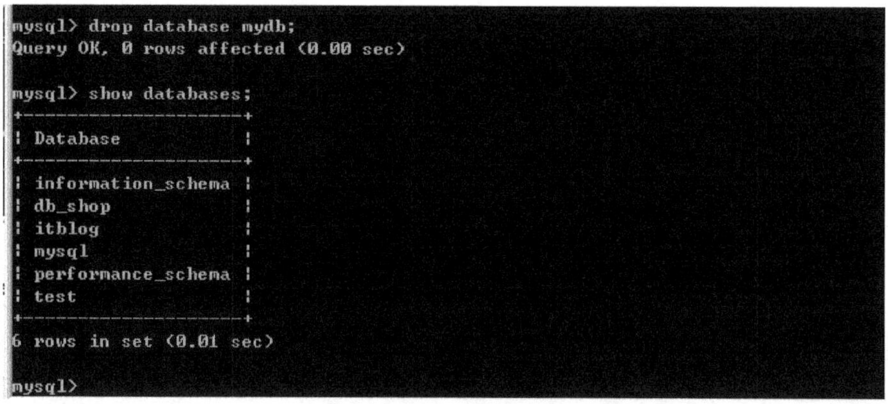

图4-20 删除数据库

（3）选择数据库

当需要在某个数据库中进行数据表的操作时，首先需要选择要操作的数据库。选择数据库可使用如下命令：

```
use dbname;
```

其中，dbname 为要选择的数据库的名称。例如，网上购物系统项目的数据库名称为 db_shop，可通过命令"use db_shop ；"选择本项目的后台数据库，若出现类似"Database changed"的信息，说明成功选择该数据库。

2）MySQL 数据表的操作

在对 MySQL 数据表进行操作之前，必须首先使用 USE 语句选择数据库，才可在指定的数据库中对数据进行操作，如创建数据表、修改表结构、数据表更名或删除数据表等，否则无法对数据表进行操作，下面分别介绍对数据表的操作方法。

（1）创建数据表

在 MySQL 中创建数据表，可采用在 MySQL 命令行执行创建数据表的 SQL 语句的方式。在创建数据表的语句中，包含 create table 关键字、列名及列属性等信息。创建数据表的命令如下：

```
CREATE [TEMPORARY] TABLE [IF NOT EXISTS] tbl_name
[(create_definition,...)]
[table_options] [select_statement]
```

create table 语句的参数说明如表 4-9 所示。

表4-9　create table语句的参数说明

关　键　字	说　　明
TEMPORARY	如果使用该关键字，表示创建一个临时表
IF NOT EXISTS	该关键字用于避免表存在时MySQL报告的错误
create_definition	表的列属性部分
table_options	表的一些特性参数
select_statement	SELECT语句部分，用它可以快速地创建表

下面介绍列属性（create_definition 部分，每一列定义的具体格式如下：）

```
column_definition:
col_name type [NOT NULL | NULL] [DEFAULT default_value]
    [AUTO_INCREMENT] [UNIQUE [KEY] | [PRIMARY] KEY]
        [COMMENT 'string'] [reference_definition]
```

create_definition 参数说明如表 4-10 所示。

表4-10　create_definition参数说明

参　　数	说　　明
col_name	字段名
type	字段类型
NOT NULL	NULL	指出该列是否允许空值，系统一般默认允许为空值，所以当不允许为空值时，必须使用NOT NULL

参　　数	说　　明
DEFAULT default_value	表示默认值
UNIQUE KEY	表示唯一值
AUTO_INCREMENT	表示是否允许自动编号，每个表只能有一个AUTO_INCREMENT列，并且必须被索引
PRIMARY KEY	表示是否为主键，一个表只能有一个PRIMARY KEY
COMMENT	为字段添加注释

以上是创建表的一些基础知识，例如，在 db_shop 数据库中创建一个名为 tb_user 的数据表，用来保存用户信息，如图 4-21 所示，完整代码见图下代码段。

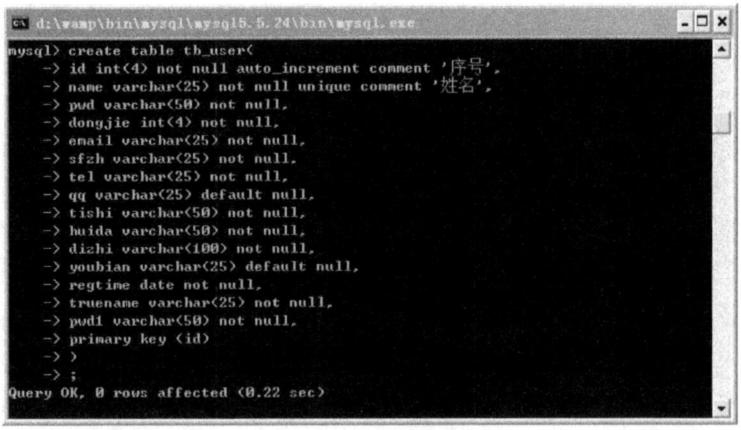

图4-21　创建用户表

```
CREATE TABLE tb_user (
  id int(4) NOT NULL AUTO_INCREMENT comment '序号',
  name varchar(25) NOT NULL UNIQUE comment '姓名',
  pwd varchar(50) NOT NULL,
  dongjie int(4) NOT NULL,
  email varchar(25) NOT NULL,
  sfzh varchar(25) NOT NULL,
  tel varchar(25) NOT NULL,
  qq varchar(25) DEFAULT NULL,
  tishi varchar(50) NOT NULL,
  huida varchar(50) NOT NULL,
  dizhi varchar(100) NOT NULL,
  youbian varchar(25) DEFAULT NULL,
  regtime date NOT NULL,
  truename varchar(25) NOT NULL,
  pwd1 varchar(50) NOT NULL,
  PRIMARY KEY (id)
) ENGINE=MyISAM AUTO_INCREMENT=46 DEFAULT CHARSET=gb2312;
```

以上语句创建了一个名为 **tb_user** 的表。在该表中，序号是以自动递增的方式编号的，并且将序号设置为主键，以标识唯一一条记录。除了 QQ 号和邮编可为空以外，其他所有列均不能为空，并且对 ID 列和姓名列（name）设置了列说明，姓名列为唯一列。表的字符集采用 GB 2312 编码方式。

（2）查看数据表

对于创建成功的数据表，可以使用 show columns 语句或 describe 语句查看指定数据表的表结构。

describe 语句的语法如下：

```
describe 数据表名；
```

其中，describe 可以简写成 desc，如图 4-22 所示。

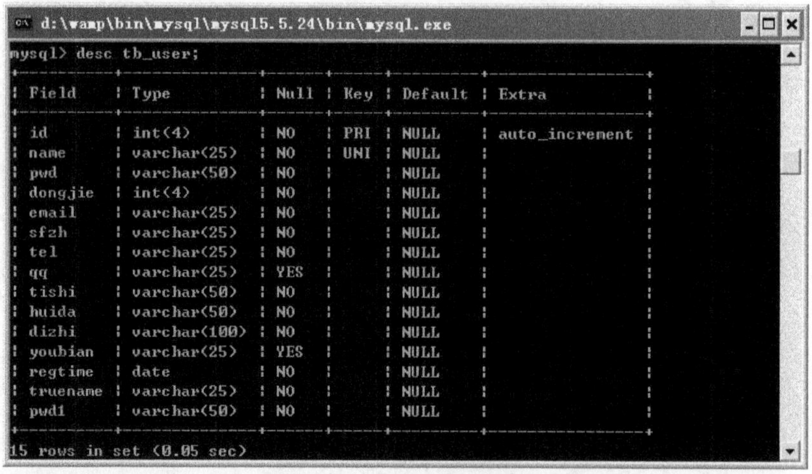

图4-22　查看数据表

在查看表结构时，也可以列出某一列的信息。例如，使用 describe 语句的简写形式查看数据表 tb_user 中 name 列的信息，如图 4-23 所示。

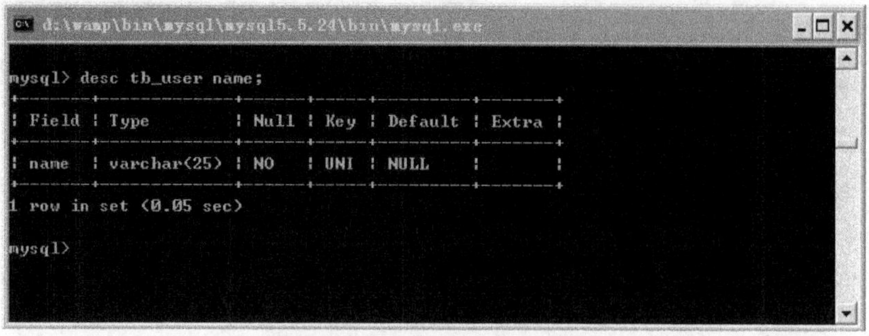

图4-23　查看数据表某一列

（3）修改数据表

修改数据表使用 alter table 语句，可以增加或删减列，创建或取消索引，更改原有列的类型，或重新命名列或表，还可以更改表的评注和表的类型。

其语法如下：

```
ALTER [IGNORE] TABLE tbl_name
alter_specification [, alter_specification] ...
```

其中，**IGNORE** 说明如果出现重复关键的行，则只执行一行，其他重复的行被删除。alter_specification 子句定义要修改的内容，其语法如下：

```
alter_specification:
ADD [COLUMN] column_definition [FIRST | AFTER col_name ]
                                                        //添加字段
  | ADD INDEX [index_name] [index_type] (index_col_name,...)
                                                        //添加索引
  | ADD [CONSTRAINT [symbol]]
        PRIMARY KEY [index_type] (index_col_name,...)    //添加主键
  | ADD [CONSTRAINT [symbol]]
        UNIQUE [index_name] [index_type] (index_col_name,...)  //添加唯一
  | ADD [CONSTRAINT [symbol]]
        FOREIGN KEY [index_name] (index_col_name,...)    //添加外键
        [reference_definition]
  | ALTER [COLUMN] col_name {SET DEFAULT literal | DROP DEFAULT}
                                                        //修改字段名称
  | CHANGE [COLUMN] old_col_name column_definition
        [FIRST|AFTER col_name]                          //修改字段类型
  | MODIFY [COLUMN] column_definition [FIRST | AFTER col_name]
                                                        //修改子句定义字段
  | DROP [COLUMN] col_name                              //删除字段名称
  | DROP PRIMARY KEY                                    //删除主键名称
  | DROP INDEX index_name                               //删除索引名称
  | DROP FOREIGN KEY fk_symbol
  | DISABLE KEYS
  | ENABLE KEYS
  | RENAME [TO] new_tbl_name                            //更改表名
  | ORDER BY col_name
  | CONVERT TO CHARACTER SET charset_name [COLLATE collation_name]
  | [DEFAULT] CHARACTER SET charset_name [COLLATE collation_name]
  | DISCARD TABLESPACE
  | IMPORT TABLESPACE
  | table_options
```

例如，添加一个新的字段性别（sex），类型为 Varchar（4），如图 4-24 所示。将字段 name 的类型由 Varchar（25）更改为 Varchar（30），如图 4-25 所示。

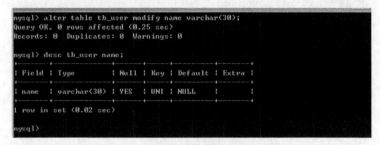

图4-24　更改表结构添加新字段

图4-25　更改表结构字段为新的宽度

（4）重命名数据表

重命名数据表使用 rename table 语句，语法格式如下：

```
rename table 数据表名1 to 数据表名2；
```

例如，对数据表 tb_user 进行重命名，更名后的数据表为 user，如图 4-26 所示。

图4-26　重命名表

（5）删除数据表

删除数据表使用 drop table 语句，语法格式如下：

```
drop table 数据表名;
```

例如，将刚才修改名称的数据表 user 进行删除，如图 4-27 所示。删除之后，表中的数据将会全部清除，所以应该谨慎删除操作。

图4-27　删除表

3）MySQL 的语句操作

在数据表中插入、浏览、修改和删除记录可以在 MySQL 命令行中使用 SQL 语句完成，下面介绍如何在 MySQL 命令行中执行基本的 SQL 语句。

（1）插入记录 INSERT

在建立一个空的数据表后，需要向表中添加数据，该操作可以使用 insert 语句完成。语法如下：

```
insert into 数据表名(column_name1,column_name2….) values (value1,value2…);
```

例如，网上购物系统中用来描述商品类型的表名称为 tb_type，只有两个字段 id 和 typesname，给这张表添加数据，如图 4-28 所示。

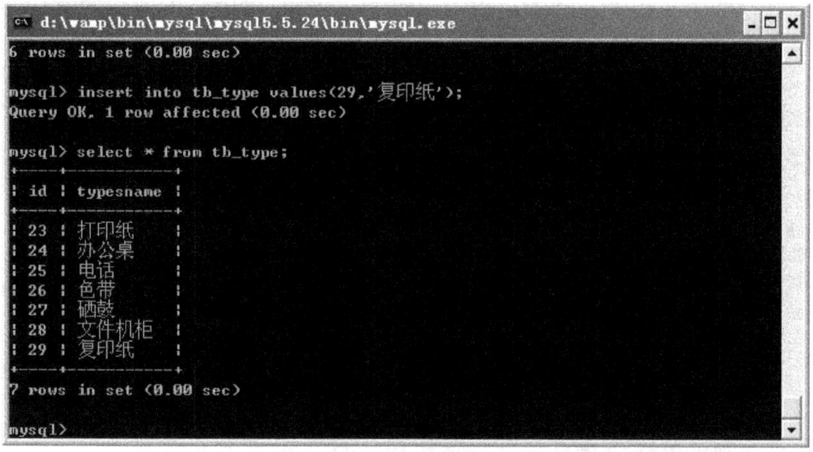

图4-28　插入数据

当向表中的所有列添加数据时，insert 语句中的字段列表可以省略；如果只是添加部分字段，那么值列表与字段列表个数与顺序应该一致。例如，向网上购物系统公告表插入公告内容的 SQL 语句如下：

```
insert into tb_gonggao (title,content,time) values ('节约纸张', '节约光荣, 反对浪费', '2014-01-23');
```

在 MySQL 中，一次可以同时插入多行记录，各行记录的值清单在 values 关键字后以逗号 "," 分隔，而标准的 SQL 语句一次只能插入一行。

```
insert into tb_type values (23, '打印纸'),(24, '办公桌'), (25,'电话'),(26,'色带'),(27,'硒鼓');
```

（2）查询数据表记录 SELECT

SELECT 用于查询从一个或多个表中选择的行，并可以加入 UNION 语句和子查询。SELECT 语句是最常用的查询语句，它的使用方法有些复杂，但功能非常强大。语法如下：

```
SELECT
    [ALL | DISTINCT | DISTINCTROW ]
    select_expr, ...                               //要查询的内容，选择列
    [INTO OUTFILE 'file_name' export_options
    | INTO DUMPFILE 'file_name']                   //将查询结果写入外部文件
    [FROM table_references                         //从哪张表中查询
    [WHERE where_definition]                        //查询时满足的条件
    [GROUP BY {col_name | expr | position}
        [ASC | DESC], ... [WITH ROLLUP]]           //如何对结果进行分组
    [HAVING where_definition]                       //查询时满足的第二条件
    [ORDER BY {col_name | expr | position}
        [ASC | DESC] , ...]                        //如何对结果排序
    [LIMIT {[offset,] row_count | row_count OFFSET offset}]
                                                    //限定输出的查询结果
```

数据库的所有操作中，表记录查询是使用频率最高的操作。下面总结了网上购物系统将会常用的一些 SQL 语句。

① 使用 order by 子句对记录排序。select 子句返回的结果集由数据库系统动态确定，往往是无序的。order by 子句用于设置结果集的排序。排序的方向是升序（asc）或者降序（desc）。在排序过程中，MySQL 将 null 值处理为最小值。

按照编号的降序返回类别表中的所有记录，代码如下：

```
select * from tb_type order by id desc;
```

② 使用谓词 limit 查询某几行记录。使用 select 语句时，经常要返回前几条记录或者中间几条记录，可以使用 limit 来限定，limit 接受一个或两个整数。参数必须是一个整数常量。如果给定两个参数，第一个参数指定第一个返回记录行的偏移量，第二个参数指定返回记录行的最大数目。初始记录的偏移量是 0（而不是 1）

• 按照购买次数的降序查询商品表，输出符合条件的前十条记录。

```
select * from tb_shangpin order by cishu desc limit 0,10;
```

• 按照加入时间的降序查询商品表中的记录，输出第一条记录。

```
select * from tb_shangpin order by addtime desc limit 0,1;
```

③ 使用 where 子句过滤记录。由于数据库中存储着海量的数据，用户往往需要的是满足特定条件的部分记录，这就需要对记录进行过滤筛选，where 子句使用的过滤条件是一个逻辑表达式，满足表达式的记录将被返回。

• 从用户表中找到符合名称的用户记录。

```
select * from tb_user where name='$username';
```

- 从订单表中找到下单人和订单号都符合要求的记录。

```
select * from tb_dingdan where xiadanren='$username' and
dingdanhao='$ddh';
```

- 使用like逻辑运算符，用于模式匹配。"%"用来匹配任意数目字符（包括0个字符），"_"匹配任意单个字符。

```
select * from tb_shangpin where mingcheng like '%$name%' order
by addtime desc;
```

④ 使用聚合函数返回汇总值。使用聚合函数对一组值进行计算并返回一个汇总值，常用的聚合函数有 sum、avg、count、max 和 min 等，除 count 函数外，聚合函数在计算过程中忽略 NULL 值。

- 使用count函数统计记录的行数。例如，统计公告表中的记录行数。

```
selct count (*) as total from tb_gonggao;
```

- 统计商品表中的符合商品类型的所有记录行数。

```
select count(*) as total from tb_shangpin where typeid='$id'
order by addtime desc ;
```

（3）更新记录 UPDATE

UPDATE 语法可以用新值更新原有表格中的各列值。其语法如下：

```
UPDATE [LOW_PRIORITY] [IGNORE] tbl_name
    SET col_name1=expr1 [, col_name2=expr2 ...]
    [WHERE where_definition]
    [ORDER BY ...]
    [LIMIT row_count]
```

SET 子句指示要修改哪些列和要给予哪些值。WHERE 子句指定应更新哪些行。如果没有 WHERE 子句，则更新所有的行。如果指定了 ORDER BY 子句，则按照被指定的顺序对行进行更新。LIMIT 子句用于给定一个限值，限制可以被更新的行的数目。

UPDATE 语句支持以下修饰符：

- 如果使用了LOW_PRIORITY关键词，则UPDATE的执行被延迟了，直到没有其他客户端从表中读取为止。
- 如果使用了IGNORE关键词，则即使在更新过程中出现错误，更新语句也不会中断。如果出现了重复关键字冲突，则这些行不会被更新。如果列被更新后，新值会导致数据转化错误，则这些行被更新为最接近的合法的值。

例如，将用户表 tb_user 中用户名为 test 的密码 123456 修改为 654321，如图 4-29 所示。

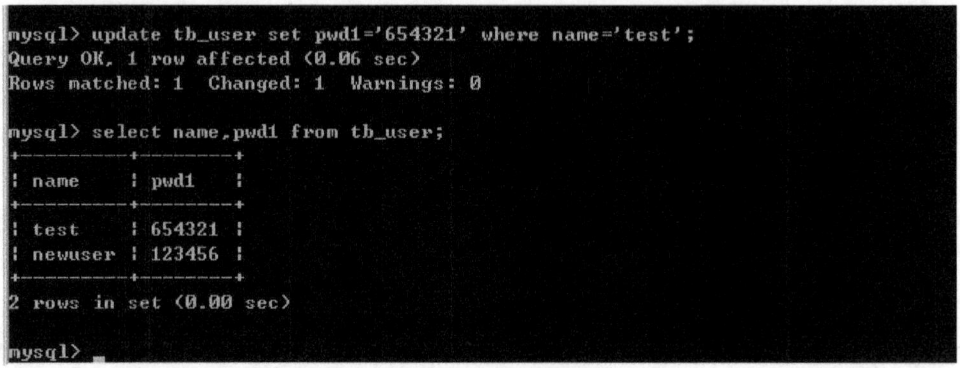

图4-29　更新记录

下面的语句更新公告表的标题和内容：

```
update tb_gonggao set title='$title',content='$content' where
id='$_POST[id]'
```

（4）删除记录 DELETE

在数据库中，有些数据已经失去意义或者错误时，就需要将它们删除，此时可以使用 DELETE 语句，该语句语法如下：

```
DELETE [LOW_PRIORITY] [QUICK] [IGNORE] FROM tbl_name
    [WHERE where_definition]
    [ORDER BY ...]
    [LIMIT row_count]
```

例如，删除类型数据表 tb_type 中名称为"复印纸"的数据记录，如图 4-30 所示。

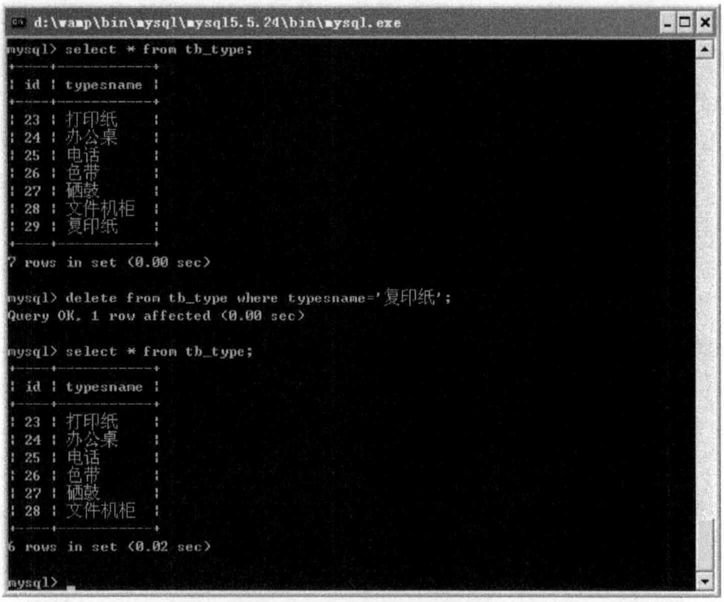

图4-30　删除记录

任务拓展

在实际的 Web 开发中，常常需要直接进行数据库的操作，虽然这些操作可以在 MySQL 的命令行进行，但在命令行操作数据库毕竟没那么直观，需要用户对 MySQL 知识非常熟悉。

当前出现很多图形化用户界面的 MySQL 客户程序，其中最为出色的是基于 Web 的 phpMyAdmin 工具，是众多 MySQL 数据库管理员和网站管理员的首选数据库维护工具。

phpMyAdmin 是一个用 PHP 编写的软件工具，可以通过 Web 方式控制和操作 MySQL 数据库。通过 phpMyAdmin 可以完成对数据库的各项操作，如建立、复制和删除数据等。

1．phpMyAdmin 配置

phpMyAdmin 目前最新的版本是 4.1.6，可以在 http://www.phpmyadmin.net/ 免费下载最新版本。安装 Wamp 之后就会附带安装 phpMyAdmin 工具，在安装目录 \wamp\apps\phpmyadmin3.5.1\ 下，有 phpMyAdmin 的配置文件 config.inc.php。为了能连接 MySQL 服务器，需要配置相应的用户名和密码。用开发工具打开 config.inc.php，修改其中的配置选项，本例中，访问 MySQL 数据库的用户名是 root，密码是 123456，phpMyAdmin 的登录方式设置为 Cookie，如图 4-31 所示。

phpMyAdmin 可以设置的登录方式有 3 种：config、http、Cookie。其中 config 是默认的登录方式，该方式表示用户输入正确的用户名和密码就可以直接登录；如果采用 http 方式登录，会弹出一个对话框，提示用户输入用户名和密码；如果使用 Cookie 方式登录，在访问 phpMyAdmin 时会打开一个登录页面，提示用户输入用户名和密码，并将用户名和密码保存在系统的 Cookie 中，下次访问时用户名和密码会自动显示在文本框和密码框的输入框中，通常用于互联网环境。

参数设置完成后保存该文件，在浏览器的地址栏中输入 http://localhost/phpmyadmin/，即可打开 phpMyAdmin 图形化管理主界面进行数据库操作，如图 4-32 所示。

```
$cfg['Servers'][$i]['verbose'] = 'localhost';
$cfg['Servers'][$i]['host'] = 'localhost';
$cfg['Servers'][$i]['port'] = '';
$cfg['Servers'][$i]['socket'] = '';
$cfg['Servers'][$i]['connect_type'] = 'tcp';
$cfg['Servers'][$i]['extension'] = 'mysqli';
$cfg['Servers'][$i]['auth_type'] = 'Cookie';
$cfg['Servers'][$i]['user'] = 'root';
$cfg['Servers'][$i]['password'] = '123456';
$cfg['Servers'][$i]['AllowNoPassword'] = true;
```

图4-31　config.inc.php配置文件内容

图4-32　phpMyAdmin登录界面

2．数据库操作

在配置完 phpMyAdmin 之后，即可通过浏览器来运行 phpMyAdmin。phpMyAdmin 的运行界面分为两部分。左边是数据库列表，phpMyAdmin 将读取 MySQL 现有的数据库，并列出这些数据库的名称。右边是功能区，phpMyAdmin 支持多国语言及各种字符集。可以在功能区选择。在界面顶部位置给出了当前 MySQL 服务器地址和当前正在管理的数据库名称。下面紧邻的是一组功能标签，分别对应相应的功能页面或者执行相应的功能。例如，"导入"和"导出"功能标签提供数据库的导入和导出，"设置"标签用来设置风格、字体大小，并显示与 MySQL 相关的信息等功能。phpMyAdmin 主界面如图 4-33 所示。

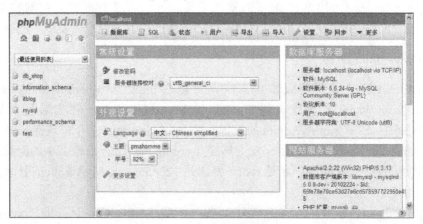

图4-33　phpMyAdmin主界面

（1）创建数据库。在 phpMyAdmin 的数据库功能区，单击"创建一个新的数据库"，输入想要创建数据库的名称，在"整理"下拉列表框中，选择"utf8_general_ci"项，单击"创建"按钮，系统将新建一个 MySQL 数据库，并转向这个数据库的管理界面，如图 4-34 所示。

图4-34　新建数据库

（2）导入数据库。单击数据库名称 db_shop，进入此数据库的管理界面，本书资源中附带了 db_shop.sql 文件，可以选择"导入"功能将该数据库导入。单击"浏览"按钮选择 sql文件所在的绝对路径；再单击"执行"，就可以成功导入，如图 4-35 所示。

图4-35 导入数据库

导入成功后会显示如图 4-36 所示的信息。

图4-36 导入成功提示

（3）修改数据库。单击界面的 ✎ 操作 超链接，进入修改操作页面，可以对当前的数据库重命名，在"将数据库改名为"的文本框中输入新的数据库名称 db_shop_new，单击"执行"按钮，即可成功修改数据库名称。修改数据库的效果如图 4-37 所示。

图4-37 修改数据库的效果

（4）删除数据库。要删除某个数据库，首先在左侧的下拉菜单中选择该数据库，然后单击右侧界面中的"删除"超链接，即可成功删除指定的数据库。

3．MySQL 数据类型

数据库本身并不能存储数据，真正的数据存储在表中。使用 MySQL 的命令行创建表，对于初学者来说是比较困难的，而使用 phpMyAdmin 可以把这个过程变得简单。在存储数据时，必须先确定字段类型。MySQL 的字段类型分为 3 个种类，包括：数值类型、日期时间类型、字符串类型等。而每个类型下，又分小类，这些小类的长度各有差别，下面列出 MySQL 的字段类型，以及占用的字节数。

（1）数值类型

数值类型用于储存各种数字数据，如价格、年龄或数量。数字列类型主要分为两种：整数型和浮点型。所有的数字列类型都允许有两个选项：UNSIGNED 和 ZEROFILL。选择 UNSIGNED 的列不允许有负数，选择了 ZEROFILL 的列会为数值添加零。下面是 MySQL 中可用的数字列类型。

- TINYINT——一个微小的整数，支持-128到127（SIGNED），0到255（UNSIGNED），需要1个字节存储。
- BIT——同TINYINT（1）。
- BOOL——同TINYINT（1）。
- SMALLINT——一个小整数，支持-32768到32767（SIGNED），0到65535（UNSIGNED），需要2字节存储；MEDIUMINT——一个中等整数，支持-8388608到8388607（SIGNED），0到16777215（UNSIGNED），需要3字节存储。
- INT——一个整数，支持-2147493648到2147493647（SIGNED），0到4294967295（UNSIGNED），需要4字节存储。
- INTEGER——同INT。
- BIGINT——一个大整数，支持-9223372036854775808到9223372036854775807（SIGNED），0到18446744073709551615（UNSIGNED），需要8字节存储。
- FLOAT——一个小的菜单精度浮点数。支持-3.402823466E+38到-1.175494351E-38，0和1.175494351E-38 到 3.402823466E+38，需要4字节存储。如果是UNSIGNED，正数的范围保持不变，但负数是不允许的。
- DOUBLE——一个双精度浮点数。支持-1.7976931348623157E+308到-2.2250738585072014E-308，0和2.2250738585072014E-308到1.7976931348623157E+308。如果是FLOAT，UNSIGNED不会改变正数范围，但负数是不允许的。
- REAL——同DOUBLE。
- DECIMAL——将一个数像字符串那样存储，每个字符占1个字节。
- NUMERIC——同DECIMAL。

（2）字符串类型

字符串类型用于存储任何类型的字符数据，如名字、地址或报纸文章。下面是 MySQL 中可用的字符串列类型。

- CHAR——字符。固定长度的字串，在右边补齐空格，达到指定的长度。支持从0到155个字符。搜索值时，后缀的空格将被删除。
- VARCHAR——可变长的字符。一个可变长度的字串，其中的后缀空格在存储值时被删除。支持从0到255个字符。
- TINYBLOB——微小的二进制对象，支持255个字符。需要"长度+1"字节的存储。与TINYTEXT一样，只不过搜索时区分大小写。（0.25KB）
- TINYTEXT——支持255个字符。要求"长度+1"字节的存储。与TINYBLOB一样，只不过搜索时会忽略大小写。（0.25KB）
- BLOB——二进制对象。支持65 535个字符。需要"长度+2"字节的存储。（64KB）

- TEXT——支持65 535个字符。要求"长度+2"字节的存储。（64KB）
- MEDIUMBLOB——中等大小的二进制对象。支持16 777 215个字符。需要"长度+3"字节的存储。（16MB）
- MEDIUMTEXT——支持16 777 215个字符。需要"长度+3"字节的存储。（16MB）
- LONGBLOB——大的二进制对象。支持4 294 967 295个字符。需要"长度+4"字节的存储。（4GB）
- LONGTEXT——支持4 294 967 295个字符。需要"长度+4"字节的存储。（4GB）
- ENUM——枚举。只能有一个指定的值，即NULL或""，最大有65 535个值。
- SET——一个集合。可以有0到64个值，均来自于指定清单。

（3）日期和时间类型

日期和时间类型用于处理时间数据，可以存储当日的时间或出生日期这样的数据。格式的规定：Y 表示年、M（前 M）表示月、D 表示日、H 表示小时、M（后 M）表示分钟、S 表示秒。下面是 MySQL 中可用的日期和时间类型。

- DATETIME——格式：'YYYY-MM-DD HH:MM:SS'，范围：'1000-01-01 00:00:00' 到'9999-12-31 23:59:59'
- DATE——格式：'YYYY-MM-DD'，范围：'1000-01-01'到'9999-12-31'
- TIMESTAMP——格式：'YYYYMMDDHHMMSS'、'YYMMDDHHMMSS'、'YYYYMMDD'、'YYMMDD'，范围：'1970-01-01 00:00:00'到'2037-01-01 00:00:00'
- TIME——格式：'HH:MM:SS'
- YEAR——格式：'YYYY'，范围：'1901'到'2155'

4．创建数据表

了解了 MySQL 的字段类型之后，使用 phpMyAdmin 创建表的过程很简单，在本小节中将创建用于存储用户信息的 tb_user 表。用户表包括自增 ID、用户昵称、MD5 密码、冻结状态、电子邮件、身份证号、电话、QQ、密码提示、提示答案、地址、邮编、注册时间、真实姓名、密码。根据 MySQL 的数据类型，可以把这些用户信息的字段与数据类型相对应，具体的数据类型和精度范围见下面有关数据库的设计内容，创建表具体操作步骤如下。

（1）进入到 phpMyAdmin 的管理界面，在导航栏中找到并单击"db_shop"数据库，此时数据库还没有创建任何一张表；选择"新建数据表"功能，填写数据表的名称"tb_user"，用户表字段数为 15 个字段，如图 4-38 所示。

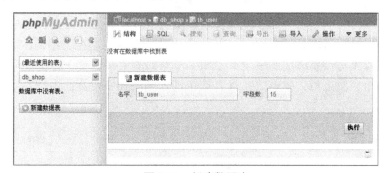

图4-38　创建数据表

（2）执行之后，进入到表名、字段等创建表的管理界面，输入完毕表结构信息后单击"保存"按钮即可创建新表，如图4-39所示。

图4-39　创建表当中的字段

（3）表创建成功之后，可在当前数据库的查询界面看到已经创建的表的信息，如图4-40所示。

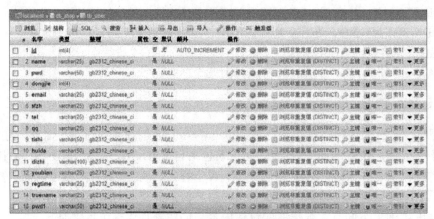

图4-40　显示表结构信息

5. 修改数据表结构

在新建表过程中，如果表中字段比较多，难免会出现错误，这时需要使用phpMyAdmin编辑功能，来修改已经创建表中的字段或者添加新的字段。下面介绍具体方法：

（1）添加字段。进入表管理界面后，默认显示的是表结构，在表结构的下方，如果要添加新的字段，可以填写需要添加的字段个数和字段添加的位置，有3种位置可选：于表结尾、于表开头、于某个字段之后。单击"执行"按钮进入到添加字段界面，按需添加，如图4-41所示。

图4-41　添加字段

（2）修改字段。表结构中每个字段都提供了修改和删除的功能，在要修改的字段后边单击修改按钮，进入字段修改界面，即可按需进行修改，如图4-42所示。

图4-42 修改字段

6. 插入数据

使用 phpMyAdmin 可以以表单提交的方式向数据库表中插入信息，使用起来非常方便。本例实现向类别表 tb_type 中录入新数据。

进入到 phpMyAdmin 的管理界面，从左边的导航列中选择 db_shop 数据库中的 tb_type 表，单击 tb_type 表的链接进入表的管理界面，默认以列表的方式显示表中的数据，如图4-43所示。

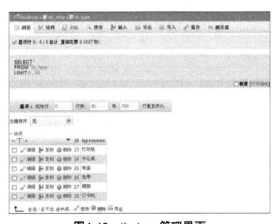

图4-43 tb_type管理界面

进入数据表的管理界面后，可通过单击导航功能菜单中的"插入"链接进行数据的插入和添加。信息输入完毕后，单击"执行"按钮后提示插入数据成功，如图4-44所示。

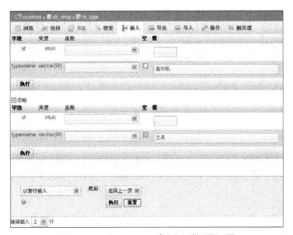

图4-44 为tb_type表插入数据记录

7．导出数据

在创建了 db_shop 数据库后，我们介绍了使用导入功能将书中提供的 db_shop.sql 文件导入到数据库。为了方便数据库中进行数据转移，还可以把数据库中的数据表结构、表记录导出为".sql"的脚本文件。可以通过生成和执行 MySQL 脚本实现数据库的备份和还原操作。

进入到 phpMyAdmin 的管理界面，从左边的导航列中选择 db_shop 数据库，默认以列表的方式显示数据库中的所有表，如图 4-45 所示。

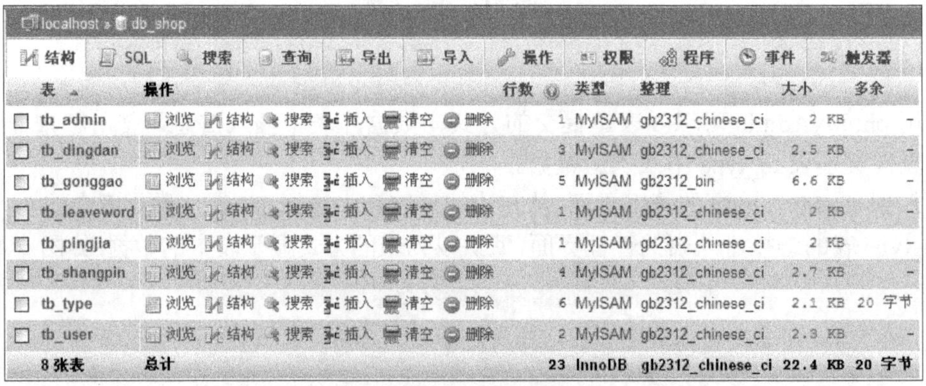

图4-45　db_shop数据库管理界面

单击上方的导航链接进入数据库的管理界面，选择"导出"功能，如图 4-46 所示。

图4-46　导出数据库

单击"执行"按钮即可导出文件详见本书资源所附的 db_shop.sql 文件。

项目重现

完成BBS系统数据库设计

1．项目目标

完成本项目后，读者能够：

- 利用MySQL数据库设计BBS论坛数据库。
- 利用phpMyAdmin为BBS论坛创建数据库和表。

2．相关知识

完成本项目后，读者应该熟悉：
- 数据库系统的E-R模型。
- 如何使用命令操作MySQL数据库表。
- 如何使用phpMyAdmin创建所需的数据库表。

3．项目介绍

数据库在 Web 应用中占有非常重要的地位。无论是什么样的应用，其最根本的功能就是对数据的操作和使用。软件项目开发之前首先要进行数据库设计，良好的数据库设计能够节省数据的存储空间、保证数据的完整性、方便进行数据库应用系统的开发。

4．项目内容

（1）了解 BBS 的功能

用户注册和登录，后台数据库需要存放用户的注册信息和在线状态信息；用户发帖，后台数据库需要存放帖子相关信息，如帖子内容、标题等；论坛版块管理：后台数据库需要存放各个版块信息，如版主、版块名称、帖子数等。

（2）标识每个实体的属性

① 论坛用户：用户昵称、密码、电子邮件、生日、性别、用户头像、用户等级、用户备注、注册日期、用户状态、用户积分和是否是版主。

② 发帖：所属版块、发帖人、发帖表情、回复数量、标题、正文、发帖时间、点击数、状态、最后回复的用户和最后回复时间。

③ 回帖：回复主帖 ID、所在版块 ID、回帖人 ID、回帖表情、回复内容和回帖时间。

④ 版块：版块 ID、版块名称、版主、版块主题、本版格言、点击率和发帖数。

（3）标识对象之间的关系

① 跟帖和主帖有主从关系：需要在跟帖对象中表明它是谁的跟帖。

② 版块和用户有关系：从用户对象中可以根据版块对象查出对应的版主用户的情况。

③ 主帖和版块有主从关系：需要表明发帖属于哪个版块。

④ 跟帖和版块有主从关系：需要表明跟帖属于哪个版块。

（4）绘制 E-R 图，将 E-R 图转换为表

① 将各实体转换为对应的表，将各属性转换为各表对应的列。

② 标识每个表的主键列，需要注意的是，没有主键的表添加 ID 编号列，它没有实际含义，用于做主键或外键，例如，用户表中的"UID"列，版块表中添加"SID"列，发帖表和跟帖表中的"TID"列。

③ 在表之间建立主外键，体现实体之间的映射关系。

（5）利用 phpMyAdmin 或利用 MySQL 命令在数据库中创建这 4 张表。

网上购物系统商品展示模块制作

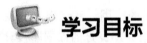 **学习目标**

要想顺利完成动态网站的开发，成为一个 PHP 网页编程高手，掌握其核心技术 PHP 和 MySQL 的数据库操作非常重要。一般 PHP 实现对 MySQL 的操作主要包括连接、创建、选择、增添、查询、排序、修改及删除等操作。

 知识目标

- 熟悉PHP与MySQL数据库的连接的操作流程

- 掌握PHP访问MySQL数据库的相关函数

 技能目标

- 学会利用PHP访问MySQL数据库

- 学会利用PHP对数据表和记录等进行操作

项目背景

前面我们已经完成了 PHP 基础知识的学习，实现了网上购物系统数据库的创建。从本项目开始，将具体实现购物系统的各个功能模块。

用户实现在线购物，一般都是通过用户登录——浏览商品——订购——结算等流程来完成，所以在首页上制作简洁、清晰、详细的商品动态展示区域，是购物系统开发的首要工作。为了让网站更加美观，用户操作方便，本系统在首页上设计了"推荐商品"、"最新上架"及"热门商品" 3 个显示区域，并实现了商品详细信息、商品分类、商品搜索和商品分页展示等功能。

任务实施

在系统首页 index.php 中设计"推荐商品"、"最新上架"及"热门商品" 3 个显示区域。利用 PHP 与 MySQL 数据库的操作，按照类别让商品展示在正确的位置。根据具体展示内容实现商品详细信息、商品搜索及商品分页展示等功能。

当用户登录购物系统后，默认看到的是首页上展示的商品。用户可单击导航栏选择各类超链接进入对应的显示页面查看商品，如图 5-1 所示。

首　　页 | 最新上架 | 推荐产品 | 热门产品 | 产品分类 | 用户中心 | 订单查询 | 购物车

图5-1　导航栏

网上购物系统商品展示模块主要实现商品动态展示、商品详细信息、商品分页展示、商品分类和商品搜索等功能，下面将对各个功能进行分析和实现。

任务5.1　商品动态展示

 任务描述

为了让用户第一时间找到可能需要的商品，系统首页中商品展示部分主要分为"推荐商品"、"最新上架"及"热门商品"3个显示区域。每个区域显示最新发布的2款商品信息，将商品的图片、名称、市场价、会员价及剩余数量展示出来，并设置"详细"和"购买"两个按钮，如图5-2所示。

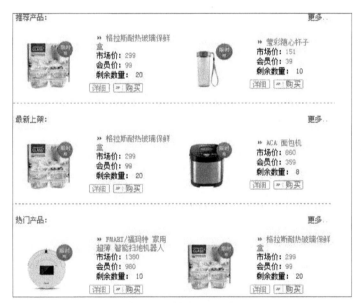

图5-2　商品展示界面

 知识储备

在实现各功能模块之前，必须完成网页和数据库的连接。在 PHP 中支持很多的数据库，但是结合最好的数据库是 MySQL。PHP 内置了大量操作 MySQL 数据库的函数来与其交互。首先介绍 PHP 与数据库的连接操作。

PHP 对 MySQL 的操作过程为：连接 MySQL 数据库→选择数据库→执行 SQL 语句→操作结果集→关闭 MySQL 数据库。

1. 连接 MySQL 数据

在 PHP 网页中创建 MySQL 连接，需要通过 mysql_connect() 函数来实现，函数语法格式如下：

```
resource mysql_connect(string[hostname],string[username],string[password]);
```

函数各参数含义如下。

① hostname：服务器主机所在地址，可以是 IP 地址或域名，当服务器为本机时，主机名是 "localhost" 或 "127.0.0.1"。

② username：访问服务器的用户名。

③ password：服务器用户对应的密码。

函数连接数据库成功后会返回一个连接资源的标识符，简单的仅需一行指令即可：

```
$link = mysql_connect('数据库所在位置', '数据库账号', '数据库密码');
```

例如，要连接本机 MySQL 数据库，数据库账号为 root，数据库密码为 123456，则连接指令如下：

```
$link = mysql_connect('localhost', 'root', '123456');
```

这个 $link 变量便是通过创建完成的数据库进行连接的，如果执行数据库查询指令，此变量相当重要。

为了避免可能出现的错误（如数据库未启动、连接端口被占用等问题），这个指令最好加上如下的错误处理机制：

```
$link = mysql_connect('localhost', 'root', '123456') or die("Could not
connect : " , mysql_error());
```

如果连接失败，会在浏览器上出现 "Could not connect" 字样，以告知用户错误信息。

2. 选择数据库

在一套 MySQL 数据库中，可以容纳许多数据库并存，但每次操作均只能对单一数据库进行。因此在连接创建完成后，便需选用要操作的数据库。选择数据库使用 mysql_select_db() 函数，语法格式如下：

```
int mysql_select_db(string database_name [ , int link_identifier]);
```

函数各参数含义如下。

① database_name：数据库的名称。

② link_identifier：连接服务器时返回的连接资源标识符。该参数是可选参数，如果没有指定连接标识符，则使用上一个打开的连接。

选择指定的 database_name，成功返回 1 个真值（True），否则返回 1 个 False 值。

例如，选择购物系统的数据库 db_shop，指令如下：

```
$select=mysql_select_db("db_shop") or die("Could not select database");
```

3. 执行 SQL 语句

PHP 通过 mysql_query() 函数执行 SQL 语句，来实现数据的增加、删除、修改、查询等功能。函数语法格式如下：

```
int mysql_query(string sqlquery , int link_identifier);
```

该函数将 SQL 语句发送到当前活动的数据库并执行语句,返回结果。函数各参数含义如下。

① sqlquery：一个正确的 SQL 语句。

② link_identifier：连接服务器时返回的连接资源标识符。该参数是可选参数，如果没有指定连接标识符，则使用上一个打开的连接。

例如，查看系统中所有商品，指令如下：

```
$query = "SELECT * FROM tb_shangpin";
$result = mysql_query($query, $link) or die(mysql_error($link));
```

4．SQL 执行结果操作

（1）mysql_fetch_array()，返回执行结果中的一行。函数语法格式为：

```
array mysql_fetch_array(int query);
```

函数返回执行结果的当前行的数值数组，执行该函数后，结果指向下一行。数组下标为字段名。函数参数 query 为 mysql_query() 函数返回的标识符。

例如，显示系统中商品信息，指令如下：

```
$row = mysql_fetch_array ($result);
```

若想逐行获取数据，则处理执行结果需放在 while 循环中，遍历每一行：

```
while($row = mysql_fetch_array ($result))
{……}
```

注意

mysql_fetch_array() 函数可用 mysql_fetch_row() 代替。这两个函数的不同之处在于 mysql_fetch_array() 函数获取到的数组可以是数字索引的数组也可以是关联数组；mysql_fetch_row() 函数获得的数组只能是数字索引。

（2）mysql_num_rows()，返回执行结果的记录数。函数语法格式如下：

```
int mysql_num_rows(int query);
```

函数返回统计记录集的个数，函数参数 query 为 mysql_query() 函数返回的标识符。

例如，显示系统中共有多少件商品，指令如下：

```
$num=mysql_num_rows($result);
```

5．释放 SQL 结果

完成 SQL 操作后，必须释放所建立的连接资源，以免过多的连接占用造成系统性能的下降。释放资源函数 mysql_free_result()，语法格式如下：

```
int mysql_free_result(int query);
```

该函数用于释放 mysql_query() 执行结果占用的内存，该函数很少被调用，除非 result 很大，占用太多内存；一般在 PHP 脚本执行结束之后会自动释放占用的内存。

例如，释放之前检索到的结果，指令如下：

```
mysql_free_result($result);
```

6. 关闭数据库

在 PHP 中与数据库的连接是非持久的，系统一般情况下不需要关闭连接，因为系统会自动地收回。但是如果一次返回的结果集 $result 比较大，或者网站的访问量比较大，则需要在使用之后关闭连接。关闭数据库函数 mysql_close()，其语法格式如下：

```
int mysql_close(int link_identifier);
```

例如，关闭之前连接的 $link 连接，指令如下：

```
mysql_close($link);
```

7. 其他常用数据库操作函数

（1）mysql_pconnect( )——建立数据库连接
示例：

```
$link = mysql_pconnect ("localhost", "root", "123456") or dir("不能连
接到Mysql Server");
```

说明：使用该连接函数不需要利用 mysql_fetch_assoc() 函数关闭连接，它相当于使用了连接池。

（2）mysql_fetch_assoc()——获取和显示数据
示例：

```
 mysql_fetch_assoc($result)
```

说明：相当于调用 mysql_fetch_array(resource, MYSQL_ASSOC);

（3）mysql_affected_rows()——受 Insert、update、delete 影响的记录的个数
示例：

```
$query = "update MyTable set name='CheneyFu' where id>=5";
     $result = mysql_query($query);
echo "ID大于等于5的名称被更新了的记录数：".mysql_affected_rows();
```

说明：该函数获取受 INSERT、UPDATE 或 DELETE 更新语句影响的行数。

（4）mysql_list_dbs()——获取数据库列表信息
示例：

```
mysql_connect("localhost", "username", "password");
     $dbs = mysql_list_dbs();
     echo "Databases: <br />";
     while (list($db) = mysql_fetch_rows($dbs)) {
     echo "$db <br />";
     }
```

说明：显示所有数据库名称。

（5）mysql_list_tables()——获取数据库列表
示例：

```
mysql_connect("localhost", "username", "password");
     $tables = mysql_list_tables("MyDatabase");
     while (list($table) = mysql_fetch_row($tables)) {
     echo "$table <br />";
     }
```

说明：该函数获取 database 中所有表的表名。

（6）mysql_list_fields()——获取指定表的所有字段的字段名

示例：

```
$fields =mysql_list_fields("MyDatabase", "MyTable");
    echo "数据库MyDatabase中表MyTable的字段数： ".mysql_num_
fields($fields)."<br />";
```

（7）mysql_field_name()——获取字段名

示例：

```
$query = "select id as PKID, name from MyTable order by name";
    $result = mysql_query($query);
    $row = mysql_fetch_row($result);
    echo mysql_field_name($result, 0);
```

 任务实施与测试

1．创建商品展示页面

创建购物系统首页文件"index.php"，同时也是商品动态展示模块的页面。

2．商品展示页面分析

商品动态展示主要是对数据库中商品表（tb_shangpin）进行操作。"推荐商品"、"最新上架"和"热门商品"的程序实现的方法基本一样。主要区别是在查询商品时，SQL 查询语句中条件不一样。

（1）推荐商品

在商品表中有一个是否推荐字段（tuijian），推荐商品显示就是根据此字段的值（0 或 1），控制商品的显示信息。字段值为 1 显示，为 0 不显示。商品最多显示 2 条信息，如商品大于 2 条，则根据商品的入市时间（addtime）字段倒叙排列，并通过 limit 命令控制显示条数。SQL 查询语句代码如下：

```
select * from tb_shangpin where tuijian=1 order by addtime desc limit 0,2
```

（2）最新上架

最新上架显示，SQL 查询语句条件根据入市时间（addtime）字段的顺序排列，显示最后入市的两条商品信息。SQL 查询语句代码如下：

```
select * from tb_shangpin order by addtime desc limit 0,2
```

（3）热门商品

热门商品显示，SQL 查询语句条件根据浏览次数（次数）字段显示，显示浏览次数最多的 2 条商品信息。SQL 查询语句代码如下：

```
select * from tb_shangpin order by cishu desc limit 0,2
```

3．商品展示页面程序

在创建的"index.php"页面中插入 PHP 程序代码。这里介绍"推荐商品"区域的代码实现方法，代码 5-1 如下：

```
/*代码5-1  商品动态展示-"推荐商品"程序代码段*/
<table width="550" border="00" align="center" cellpadding="0"
cellspacing="0">
<tr>
<td width="555" height="110">
<table width="530" height="110" border="0" align="center" cellpadding="0"
cellspacing="0">
<tr>
<?php
$sql=mysql_query("select * from tb_shangpin where tuijian=1 order by
addtime desc limit 0,2");
while($info=mysql_fetch_array($sql)) {
?>
<td width="265">
<?php
if($info==false){
    echo "本站暂无推荐商品!";
}else{
?>
<table width="270" border="0" cellspacing="0" cellpadding="0">
<tr>
<td width="130" rowspan="5"><div align="center">
<?php
if(trim($info[tupian]=="")){
    echo "暂无图片";
}else{
?>
<img src="<?php echo $info[tupian];?>" width="80" height="80" border="0">
<?php } ?>
</div></td>
<td width="124"><font color="FF6501"><img src="images/circle.gif"
width="10" height="10"> <?php echo $info[mingcheng];?></font></td>
</tr><tr>
<td><font color="#000000">市场价：</font><?php echo $info[shichangjia];?> </td>
</tr><tr>
<td><font color="#000000">会员价：</font><?php echo $info[huiyuanjia];?>
</td>
</tr><tr>
<td><font color="#000000">剩余数量：
<?php
if($info[shuliang]>0) {
    echo $info[shuliang];
}else{
echo "已售完";
}
```

```
?>
</td></tr> <tr>
<td height="30" colspan="2"><a href="lookinfo.php?id=<?php echo
$info[id];?>"><img src="images/b3.gif" width="34" height="15" border="0"></a>
<a href="addgouwuche.php?id=<?php echo $info[id];?>"><img src="images/b1.gif"
width="50" height="15" border="0"></a> </td></tr>
</table>
<?php  } ?>
</td>
<?php  } ?>
</tr></table></td>
</tr><tr>
<td height="10" background="images/line1.gif"></td>
</tr></table>
```

任务5.2　商品详细信息介绍

 任务描述

　　商品详细信息页面显示商品的所有详细信息，包括商品名称、价格、入市时间、品牌、型号、剩余数量及商品简介等。在细节的下方还加入了"放入购物车"链接，为用户提供订购功能，如图 5-3 所示。

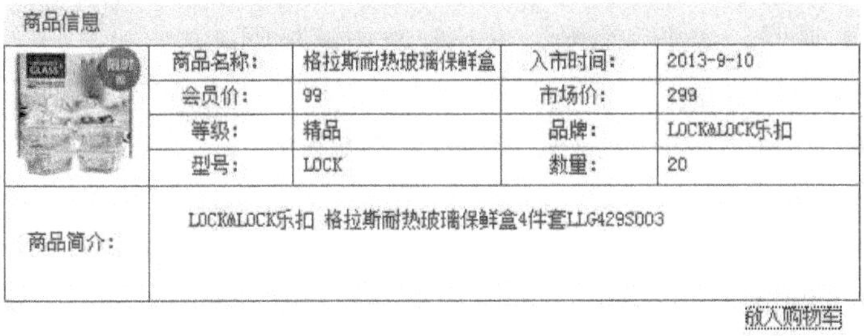

图5-3　商品详细信息界面

知识储备

1. URL 传值

　　PHP 网站开发经常需要在两个页面中传递值。在项目 3 中已经介绍了利用 POST 和 GET 两种方法来传递表单中的数据。但有时变量并不在表单中，或者只需要传递某个变量时，就需要用到 URL 来传值。

（1）传递

URL 传值，就是通过网址来传递。在网址后加入要传递的变量，格式如下：

```
网址?参数名1=参数值1&参数名2=参数值2&……
```

例如，在首页中单击商品后需要把该商品 id 和商品型号 xinghao 传入商品详细信息页面，指令如下：

```
lookinfo.php?id=219&xinghao= AB-SN6513N;
```

（2）接收

通过 URL 方法来传递参数，在被请求的页面中必须用 PHP 中的 $_GET 全局变量来接收。格式如下：

```
$_GET["参数"]
```

例如，接收上面传递的参数，在 lookinfo.php 页面写入指令如下：

```
$_GET["id"];                       //获取商品id号
$_GET["xianghao"];                 //获取商品型号
```

2. 相关函数

（1）字符串截取函数

substr() 函数从字符串的指定位置截取一定长度的字符。函数格式如下：

```
substr(string string,int start [,int length])
```

string：必需。规定要返回其中一部分的字符串。

start：必需。规定在字符串的何处开始。如果是正数，在字符串的指定位置开始。如果是负数，在从字符串结尾的指定位置开始。如果是 0，在字符串中的第一个字符处开始。

length：可选。规定要返回的字符串长度。默认是直到字符串的结尾。如果是正数，从 start 参数所在的位置返回。如果是负数，从字符串末端返回。

（2）统计字符串长度

strlen() 函数用于计算字符串的长度。函数格式如下：

```
strlen(string)
```

string：必需。规定要检查的字符串。

Web 开发时为了保持页面的布局，经常需要截取超长字符串，如文章的标题。代码 5-2 如下：

```
/*代码5-2   截取文章标题*/
<?php
    $str="2012年第四届全国高校开源及创意大赛的通知";
    if(strlen($str)>20){                    //判断字符串长度是否大于20个字符
        echo substr($str,0,20)."...";       //截取20个字符
    }else{
        echo $str;
    }
?>
```

程序运行结果如下：

```
2012年第四届全国高校...
```

任务实施与测试

1．创建商品详细信息页面

创建商品详细信息页面"lookinfo.php"。

2．单个商品展示分析

用户通过在首页或其他商品展示页面选择商品，单击商品后转到详细信息页面。在单击时，通过 URL 把被选商品的 id 值传到详细信息页面。利用 SQL 语句查找到此 id 商品，并显示所有商品信息。

在首页 index.php 中，每个商品"详细"按钮超链接中插入 id 传递代码，代码如下：

```
<a href="lookinfo.php?id=<?php echo $info[id];?>"> </a>
```

在商品详细信息页面 lookinfo.php 中，首先接收上个页面传递的 id 参数，代码如下：

```
$_GET["id"];
```

3．商品详细信息页面程序

在创建的"lookinfo.php"页面中插入 PHP 程序代码。代码 5-3 如下：

```
/*代码5-3  商品详细信息程序代码段*/
<table width="530" border="0" align="center" cellpadding="0"
cellspacing="1">
<?php
$sql=mysql_query("select * from tb_shangpin where id=".$_
GET[id]."",$conn);              //接收id号，并查询相关商品
$info=mysql_fetch_object($sql);
?>
<tr><td width="89" height="80" rowspan="4" align="center" valign="middle"
bgcolor="#FFFFFF"><div align="center">
<?php
if ($info->tupian==""){
    echo "暂无图片";
}else{
?>
<a href="<?php echo $info->tupian;?>" target="_blank"><img src="<?php echo
$info->tupian;?>" alt="查看大图" width="80" height="80" border="0"></a>
<?php } ?>
</div></td>
<td width="92" height="20" align="left" bgcolor="#FFFFFF"><div
align="center">商品名称：</div></td>
<td width="134" bgcolor="#FFFFFF"><div align="left"> <?php echo
$info->mingcheng;?></div></td> </tr>
. . .显示商品详细信息. . .
<tr>
```

```
<td><div align="right"><a href="addgouwuche.php?id=<?php echo $info-
>id;?>">放入购物车</a>  </div></td>
</tr>
</table>
```

任务5.3　商品分类显示

任务描述

当单击某个商品类别时，显示该类别的商品，如图 5-4 所示。

图5-4　商品分类界面

知识储备

1. 包含文件

在实际的生产工作中，当构建一个较大的系统时，总有一些内容需要重复使用，如一些常用的函数，或者一些公共 HTML 元素如菜单、页脚等。可以把这些公共的内容集中写入一些文件内，然后再根据具体情况，在需要的地方包含进来，这样可以节约大量的开发时间，使代码文件统一简练，以利于更好地维护。

include() 和 require() 语句都可用于这种文件的包含。下面的例子演示包含文件的用法。

创建一个 file.php 文件：

```php
<?php
    $word = "你好！";
?>
```

然后在另外的文件如 test.php 中包含它（两个文件在同一目录）：

```php
<?php
    echo "包含内容为："  .$word."<br />";
    include("file.php");
    echo "包含内容为："  .$word;
?>
```

运行 test.php 输出如下：

包含内容为：

包含内容为：你好！

从上述例子可以看出，包含文件，可以理解为将被包含的文件用于替换 include() 语句部分。在包含了文件之后，被包含文件的内容便成为当前文件的一部分，被包含的内容也开始生效。

require() 语句也可用于文件的包含，在使用上等同于 include() 。但二者也有一些细微差别，可以视实际情况采用 include() 还是 require() 。 它们的区别如下：

（1）当包含的文件不存在时（包含发生错误），如果使用 require() ，则程序立刻停止执行，而如果使用 include()，系统除了提示错误外，下面的程序内容还会继续执行。大多情况下推荐使用 require() 函数，以避免在错误引用发生后的程序继续执行。

（2）不管 require() 语句是否执行，程序执行包含文件都被加入进来，include() 只有在执行时文件才会被包含。所以在有条件判断的情况下，用 include() 显然更合适。

（3）使用 require() 多次引用时，只执行一次对被引用文件的引用动作，而 include() 则每次都要进行读取和评估后引用文件。

在 PHP 项目创建时，通常要把数据库连接的操作代码写到一个公共文件中，这样网站其他页面需要连接数据库时，只需包含此文件即可，不需重复编写连接代码。一般将数据库连接的程序代码文件命名为 conn.php，并将其存放在 conn 公共文件夹下。数据库连接代码 5-4 如下：

```
/*代码5-4  数据库连接*/
<?php
    $conn=mysql_connect("localhost","root","") or die("数据库服务器连接错误".mysql_error());
    //设置数据库连接，本地服务器，用户名为root，密码为空，如果连接错误调用mysql_error()函数
    mysql_select_db("db_shop",$conn) or die("数据库访问错误".mysql_error());
    //选择连接db_shop数据库，如果连接错误调用mysql_error()函数
    mysql_query("set character set gb2312");        //设置客户端字符集为GB2312
    mysql_query("set names gb2312");                //设置数据库的字体为GB2312
?>
```

其他页面连接数据库时，只需在页面中写入代码" include("conn/conn.php");"即可。

 注意

本系统为风格统一，将此代码写入 top.php 头部文件，其他页面统一写入代码"include("top.php");"。

 任务实施与测试

1. 商品分类界面

创建商品分类界面"showfenlei.php"，完成静态页面的设计效果。

2. 商品分类分析

商品类别显示，需要在数据库表 tb_type 中查找，如 SQL 语句：

```
select * from tb_type order by id desc
```

当单击某类商品后，该商品类别 id 号会传回当前页面。页面重新刷新，并接收该 id 号，在数据库表 tb_shangpin 中查找字段"typeid"与 id 号相符的商品。

3. 商品分类代码

商品分类的功能主要代码 5-5 如下：

```
/*代码5-5   商品分类主要代码段*/
<?php
if($_GET[id]=="") {
    $sql=mysql_query("select * from tb_type order by id desc limit 0,1",$conn);
    $info=mysql_fetch_array($sql);
    $id=$info[id];
} else {
    $id=$_GET[id];
}
$sql1=mysql_query("select * from tb_type where id=".$id."",$conn);
$info1=mysql_fetch_array($sql1);
    $sql=mysql_query("select count(*) as total from tb_shangpin where
typeid='".$id."' order by addtime desc ",$conn);
$info=mysql_fetch_array($sql);
$total=$info[total];
if($total==0) {
    echo "<div align='center'>本站暂无该类产品!</div>";
} else{
?>
...显示商品详细信息...
```

任务5.4   商品分页显示

 任务描述

如果搜索到需要显示多条商品信息，就可能需要用到商品分页显示功能。购物系统中很多页面都需要进行分页。例如，"最新上架"、"推荐产品"、"热门产品"、"产品分类"等页面。当页面中显示的商品记录到达上限时，其他商品就需要换页显示，在页面的底部列出总页数、当前页数、首页、前一页、后一页和尾页等链接功能，如图 5-5 所示。

图5-5 推荐产品页面分页显示

 知识储备

所谓分页显示，也就是将数据库中的结果集分成一段一段地来显示。分页程序有两个非常重要的参数：每页显示几条记录（$ PageSize）和当前是第几页（$ CurrentPageID）。有了这两个参数就可以很方便地写出分页程序。分析下面一组 SQL 语句，尝试发现其中的规律。

```
选择前10条记录：select * from table limit 0,10
选择第11至20条记录：select * from table limit 10,10
选择第21至30条记录：select * from table limit 20,10
```

从上述 SQL 语句发现通过 limit 关键字可以控制显示记录条数。当每页显示10条，那么第一个变量每翻一页增加10，第二个变量为每页显示条数，固定不变。

在 MySQL 中如果要想取出表内某段特定内容可以使用下述 SQL 语句实现：

```
select * from table limit offset,rows
```

这里的 offset 是记录偏移量，它的计算方法是 offset=$ CurrentPageID *($ PageSize -1)；rows 是要显示的记录条数，这里就是 $ CurrentPageID。可以总结出如下模板：

```
select * from table limit ($CurrentPageID - 1) * $PageSize, $PageSize
```

 任务实施与测试

1. 创建推荐产品分页界面

创建要进行分页的推荐产品页面"showtuijian.php"文件。

2. 推荐产品页面代码

在创建的"showtuijian.php"页面中插入 php 代码。代码 5-6 如下：

```
/*代码5-6 推荐产品分页显示程序代码段*/
<?php
```

```php
    $sql=mysql_query("select count(*) as total from tb_shangpin where
tuijian=1 ",$conn);
    $info=mysql_fetch_array($sql);
    $total=$info[total];                    //共有多少条记录
    if($total==0) {
        echo "本站暂无推荐产品！";
    }else{
?>
    <table width="550" height="70" border="0" align="center" cellpadding="0"
cellspacing="0">
    <?php
    $pagesize=2;                            //每页显示2条
    if ($total<=$pagesize){
        $pagecount=1;
    }
    if(($total%$pagesize)!=0){              //计算共有多少页
        $pagecount=intval($total/$pagesize)+1;
    }else{
        $pagecount=$total/$pagesize;
    }
    if(($_GET[page])==""){                  //获得当前页码
        $CurrentPageID =1;
    }else{
        $CurrentPageID =intval($_GET[page]);
    }
     $sql1=mysql_query("select * from tb_shangpin where tuijian=1 order by
addtime desc limit ".($CurrentPageID -1)*$pagesize.",$pagesize ",$conn);
    while($info1=mysql_fetch_array($sql1)) {          //循环显示各商品信息
?>
    <tr>
    <td width="89"  rowspan="6"><div align="center">
    <?php
    if($info1[tupian]==""){
        echo "暂无图片！";
    }else{
?>
    <a href="lookinfo.php?id=<?php echo $info1[id];?>" ><img  border="0"
width="80" height="80" src="<?php echo $info1[tupian];?>"></a>
    <?php }?>
    </div></td>
    <td width="93" height="20"><div align="center" style="color: #000000">商品
名称：</div></td>
    <td colspan="5"><div align="left"> <a href="lookinfo.php?id=<?php echo
$info1[id];?>"><?php echo $info1[mingcheng];?></a></div></td>
    </tr>
```

```
. . .显示商品详细信息. . .
<?php } ?>
</table>
<table width="550" height="25" border="0" align="center" cellpadding="0"
cellspacing="0">
<tr>
/* 商品分页信息 */
<td><div align="right">本站共有推荐产品  <?php   echo $total; ?>  
件 每页显示 <?php echo $pagesize;?> 件 第 <?php echo
$CurrentPageID ;?> 页/共 <?php echo $pagecount; ?> 页
<?php
   if($CurrentPageID >=2) {
?>
<a href="showtuijian.php?page=1" title="首页"><font face="webdings"> 9
</font></a> <a href="showtuijian.php?id=<?php echo $id;?>&page=<?php echo
$CurrentPageID -1;?>" title="前一页"><font face="webdings"> 7 </font></a>
<?php
   }
   if($pagecount<=4){
       for($i=1;$i<=$pagecount;$i++){
?>
<a href="showtuijian.php?page=<?php echo $i;?>"><?php echo $i;?></a>
<?php
   }
   }else{
       for($i=1;$i<=4;$i++){
?>
<a href="showtuijian.php?page=<?php echo $i;?>"><?php echo $i;?></a>
<?php }?>
<a href="showtuijian.php?page=<?php echo $CurrentPageID -1;?>" title="后
一页"><font face="webdings"> 8 </font></a> <a href="showtuijian.php?id=<?php
echo $id;?>&page=<?php echo $pagecount;?>" title="尾页"><font face="webdings">
: </font></a>
<?php }?>  </div></td>
</tr></table>
<?php } ?>
</td></tr>
</table>
```

任务5.5　商品搜索

任务描述

购物系统中还需要完成搜索功能，当用户输入商品关键字，就可查询到相关商品，同时还可以进行高级搜索，如图 5-6 所示。

图5-6　搜索框界面

知识储备

在站内进行搜索，主要通过 SQL 语句中 like 关键字实现模糊查询。这里用到两个通配符："%" 表示 0 个或多个字符，"_" 表示单个字符。

任务实施与测试

1. 创建搜索界面

在页面的头部 "top.php" 文件中设计一个搜索框。

2. 搜索分析

建立 SQL 搜索的语句，通过商品名称搜索站内商品信息，代码如下：

```
select * from tb_shangpin where mingcheng like '%".$name."%' order by
addtime desc
```

3. 高级搜索分析

高级搜索与简单搜索原理基本相同，只是用户有时需要利用多个条件查找信息，所以需要构建一个动态的 SQL 语句，如图 5-7 所示。

图5-7　高级搜索界面

4．高级搜索页面代码

当单击"开始查找"按钮时，所有条件提交到"searchorder.php"页面。该页面主要实现搜索功能。在其中插入 PHP 代码，代码 5-7 如下：

```
/*代码5-7　高级搜索功能代码段*/
<?php
/*接收传递的条件
$jdcz=$_POST[jdcz];        $name=$_POST[name];
$mh=$_POST[mh];            $dx=$_POST[dx];
if($dx=="1"){
    $dx=">";
}elseif($dx=="-1"){
    $dx="<";
    }else{
    $dx="=";
    }
$jg=intval($_POST[jg]);   $lb=$_POST[lb];
/*构建动态SQL语句
if($jdcz!=""){
    $sql=mysql_query("select * from tb_shangpin where mingcheng like '%".$name."%'
order by addtime desc",$conn);                //根据名称进行模糊查询
}else{
    if($mh=="1"){
    $sql=mysql_query("select * from tb_shangpin where huiyuanjia $dx".$jg."
and typeid='".$lb."' and mingcheng like '%".$name."%'",$conn);
        //根据价格、类别和名称进行组合查询，其中名称可模糊查询
    }else{
    $sql=mysql_query("select * from tb_shangpin where huiyuanjia $dx".$jg."
and typeid='".$lb."' and mingcheng = '".$name."'",$conn);
        //根据价格、类别和名称进行组合查询，其中名称必须准确
}}
/*根据SQL语句查询商品，并显示信息
$info=mysql_fetch_array($sql);
if($info==false){
    echo "<script language='javascript'>alert('本站暂无类似产品!');history.go(-1);</
script>";
}else{
?>
<table width="530" border="0" align="center" cellpadding="0"
cellspacing="1" bgcolor="#CCCCCC">
<tr bgcolor="#F0F0F0">
    <td width="92" height="25"><div align="center" style="color: #990000">
名称</div></td>
    <td width="83"><div align="center" style="color: #990000">品牌</div></td>
    <td width="62"><div align="center" style="color: #990000">市场价</div></td>
    <td width="62"><div align="center" style="color: #990000">会员价</div></td>
```

```
    <td width="161"><div align="center" style="color: #990000">上市时间</div></td>
    <td width="48"><div align="center" style="color: #FFFFFF"><span
class="style1"></span>
    </div></td>
    <td width="42"><div align="center" style="color: #990000">操作</div></td>
</tr>
<?php do{  ?>
<tr bgcolor="#FFFFFF">
    <td height="25"><div align="center"><?php echo $info[mingcheng];?></div></td>
    <td height="25"><div align="center"><?php echo $info[pinpai];?></div></td>
    <td height="25"><div align="center"><?php echo $info[shichangjia];?></div></td>
    <td height="25"><div align="center"><?php echo $info[huiyuanjia];?></div></td>
    <td height="25"><div align="center"><?php echo $info[addtime];?></div></td>
    <td height="25"><div align="center"><a href="lookinfo.php?id=<?php echo
$info[id];?>">查看</a></div></td>
    <td height="25"><div align="center"><a href="addgouwuche.php?id=<?php echo
$info[id];?>">购物</a></div></td>
</tr>
<?php
}while($info=mysql_fetch_array($sql)); }
?>
```

 任务拓展

1.其他商品展示分页页面实现

完成"最新上架"、"热门产品"、"产品分类"等页面。实现包括相关商品显示及分页功能。

2.新闻公告实现

完成"新闻公告"功能。

 项目重现

完成BBS系统主题及内容展示

1.项目目标

完成本项目后，读者能够：
- 进行项目浏览技术。
- 进行项目分类技术。
- 进行项目搜索技术。

2．相关知识

完成本项目后，读者应该熟悉：
- PHP与MySQL数据库的连接的操作流程。
- PHP与MySQL数据库的操作相关函数。

3．项目介绍

BBS 论坛最主要的功能就是显示论坛中各种主题和相关的帖子，并能够及时显示用户的回帖等。在本任务中，需要实现展示论坛中各种类型的主题及其详细的内容；提供回帖的功能；对站内各内容进行搜索。

4．项目内容

BBS 论坛中的访问者需要在站内找到自己感兴趣的主题，并在主题中浏览各种帖子，如果觉得需要对某一帖子发表看法，则进行回帖。回帖的内容应该在帖子内即时显示出来。由于站内帖子很多，访问者有时需要进行搜索。那么，在网站页面需要增加搜索的功能。请利用 PHP 和 MySQL 连接操作的方法及相关函数实现以下功能。

（1）实现 BBS 论坛主题的展示。

（2）实现 BBS 论坛帖子的详细内容展示。

（3）实现 BBS 论坛主题分类。

（4）实现 BBS 论坛内容搜索。

系统用户管理模块

学习目标

对于任何动态网站，无论从安全方面考虑，还是从 Web 管理系统的角度来讲，一个有权限访问页面的用户是很重要的。那么，如何才能保证用户安全登录到 Web 管理系统中呢？这已成为所有开发人员最为关注的课题。本项目将通过具体案例讲解如何实现安全的用户登录。

知识目标

- 熟悉用户注册和用户登录的流程
- 掌握mt_rand随机数值函数

- 掌握Cookie和Session的使用

技能目标

- 学会Cookie和Session的实际应用及区别

- 能举一反三，开发不同Web管理系统的登录模块

项目背景

用户注册和登录在任何一个网站中都具有很重要的位置。通过用户注册模块，网站管理员可以获取用户的详细信息并且能定位不同的用户，而用户可以通过此方式参与网站的各项活动。因此，用户注册模块为用户、网站管理员及网站之间建立了沟通的桥梁。用户注册和登录是每个网站开发人员所必须掌握的技术之一。通过本项目的学习，读者不仅可以掌握开发网站注册和登录模块的流程，而且还可以在此基础上进行扩展，开发出符合自己要求的用户注册和登录模块。

任务实施

用户注册模块包括用户注册协议的声明、用户信息的录入、用户录入信息的验证、用户录入信息的提交和保存。用户登录模块的具体实施应包括用户登录信息的录入表单、防止恶意程序在网站注册用户的验证码模块和用户登录信息的验证模块。在本项目的学习中，读者可掌握相关函数的使用及方法。下面对其功能进行分析和实现。

任务6.1　制作图像验证码

 任务描述

　　在用户登录网站时，为了防止通过恶意程序采用试探的方式破解用户密码，采用了验证码功能，这样做可以提高网站的安全性。在实际应用中验证码通常来用字线和数字的组合，并且有一个干扰背景图像。

 知识储备

　　用户登录模块必须考虑数据的提交方法，这很重要。PHP 提供了几种方法，可以应用 GET 方法、POST 方法和 SESSION 等。通过它们可以实现在页面之间的传递数据，其中 GET 方法、POST 方法是表单提交的两种方法，而 SESSION 则是完全应用于页面间的数据传递。以下通过具体的介绍来做编程前的技术准备工作。

　　本任务中主要应用 mt_rand 函数来初始化一组 4 位的随机数，并应用 for 循环语句随机生成 4 位验证码，然后利用数字图形输出到浏览器。

1. 随机函数

　　（1）mt_rand() 函数

　　mt_rand() 函数主要用于获取随机数值。语法格式如下：

```
Int mt_rand([int min], [int max]);
```

　　此函数如果没有提供可选参数 min 和 max，mt_rand() 返回 0 到 RAND_MAX 之间的伪随机数。例如，想要 5 到 15（包括 5 和 15）之间的随机数，用 mt_rand(5, 15)。很多老的 libc 的随机数发生器具有不确定和未知的特性，而且速度很慢。PHP 的 rand() 函数默认使用 libc 随机数发生器。mt_rand() 函数是非正式用来替换它的。该函数使用 Mersenne Twister 中已知的特性作为随机数发生器，它产生随机数值的平均速度比 libc 提供的 rand() 快 4 倍（注 libc 是 Linux 下的 ANSI C 的函数库）。

　　（2）intval() 函数

　　intval() 函数主要用于将变量转换成整数类型。语法格式如下：

```
Int intval(mixed var,int[base]);
```

　　本函数可将变量转成整数类型。可省略的参数 base 是转换的基底，默认值为 10。转换的变量 var 可以为数组或类之外的任何变量类型。

　　举例说明：

- 利用 mt_rand() 函数来初始化一组4位的随机数，再利用 for 循环语句生成4位随机验证码，然后利用数字图形输出到浏览器。代码6-1如下：

```
/*代码6-1　生成一组随机数*/
<?php
 $try=intval(mt_rand(1000,8888));
```

```
    for($a=0;$a<4;$a++){
     echo "<img src=images/".substr(strval($try),$a,1).".gif>";
}
?>
```

• 将生成的随机字符串赋值给一个隐藏域。程序代码如下：

```
<input type="hidden" name="txt_hyan" id="txt_hyan" value=<?php echo
$try;?>">
```

• 自定义一个check()函数，用于判断验证码和隐藏域的值是否相等。程序代码6-2如下：

```
/*代码6-2  检验验证码*/
<script language="javascript">
Function check(myform){
If(myform.txt_user.value==""{
     Alert("请输入用户名！"; myform.txt_user.focus();return false;
}
If(myform.txt_pwd.value==""{
     Alert("请输入密码！"; myform.txt_ pwd.focus();return false;
}
If(myform.txt_yan.value==""{
     Alert("请输入验证码！"; myform.txt_yan.focus();return false;
}
If(myform.txt_yan.value!=myform.txt_hyan.value){
     Alert("对不起，您输入的验证码不正确！"); myform.txt_yan.focus();return false;
}
}
</script>
```

2. 创建图像函数

本项目登录窗口中使用验证码是应用 PHP 自身提供的 GD2 库函数绘制，因此在绘制过程中使用了常用的 GD2 库函数，下面对这些函数进行讲解。

（1）imagecreate() 函数

imagecreate() 函数用于创建一幅基于调色板的图像，并返回一个图像标识。语法如下：

```
resource imagecreate(int x_size,int y_size)
```

该函数参数说明如下。

x_size：必选参数，用于指定所创建图片的宽度。

y_size：必选参数，用于指定所创建图片的高度。

（2）imagecolorallocate() 函数

imagecolorallocate() 函数用于返回一个颜色标识。语法如下：

```
int imagecolorallocate(resource image,int red,int green,int blue)
```

该函数参数说明如下。

image：必选参数，imagecreate() 函数返回的图像标识。

red：必选参数，用于指定三基色原理中红色成分。

green：必选参数，用于指定三基色原理中绿色成分。

blue：必选参数，用于指定三基色原理中蓝色成分。

（3）imagefill() 函数

imagefill() 函数用指定的颜色填充所创建的图像。语法如下：

```
Bool imagefill(resource image,int x,int y,int color)
```

该函数参数说明如下。

image：必选参数，imagecreate() 函数返回的图像标识。

x：必选参数，用于指定颜色相同点的横坐标。

y：必选参数，用于指定颜色相同点的纵坐标。

color：必选参数，用于指定所要填充的颜色。

（4）imagestring() 函数

imagestring() 函数用指定的颜色填充所创建的图像。语法如下：

```
Bool imagestring(resource image, int font, int x, int y, string s, int col)
```

该函数参数说明如下。

image：必选参数，imagecreate() 函数返回的图像标识。

font：必选参数，用于指定所有显示文字的字体，如果该参数取数值为 1 到 5 则使用内置字体。

x：必选参数，用于指定所显示文字的右下角横坐标。

y：必选参数，用于指定所显示文字的右下角纵坐标。

s：必选参数，用于指定所要显示的内容。

col：必选参数，用于指定显示内容的颜色。

（5）imagesetpixel() 函数

imagesetpixel() 函数在指定的坐标处画一个点。语法如下：

```
Bool imagesetpixel(resource image, int x, int y,int color)
```

该函数的参数说明如下。

image：必选参数，imagecreate() 函数返回的图像标识。

x：必选参数，用于指定所画点的横坐标。

y：必选参数，用于指定所画点的纵坐标。

color：必选参数，用于指定所画点的颜色，该参数由 imagecolorallocate() 函数返回。

3. 正则表达式

在 PHP 中，正则表达式应用最好的体现是对表单提交的数据进行验证，判断其数据是否合理、合法。所谓正则表达式，是一种描述字符串结构模式的形式化表达方法，是一种进行文本匹配的工具。正则表达式有一套完整的语法体系，提供一种灵活、直观的字符串处理方法。它可以让用户使用一系列的特殊字符构建匹配模式，然后把匹配模式与数据文件、程序输入及 Web 页面的表单输入等目标对象进行比较，根据比较对象中是否包含匹配模式，从而执行相应的程序。

在 PHP 中，正则表达式的创建方法很简单，只需将模式内容包含在两个反斜线"/"之间，例如，"/php/"，即将要匹配的内容放置在定界符之间，其中定界符可以使用数字、字母、斜线、#、/、！等。

4．正则表达式的语法

正则表达式是由普通字符（如 A ～ Z 等）和特殊字符（如 *、/ 等元字符）组成的文字模式。它作为一个模板，可以将某个字符模式与所搜索的字符串进行匹配。下面介绍正则表达式的组成元素和语法规则。

普通字符是组成正则表达式的基本单位，包括所有的英文字母、数字、标点符号及其他一些符号。普通字符包括的内容如下。

- 单个字符、数字：如a～z，0～9。
- 模式单元，如（ABD）即由多个普通字符组成的原子。
- 普通字符表，如[ABC]。
- 重新使用的模式单元。
- 普通转义字符。
- 转义元字符。

正则表达式的普通转义字符如表 6-1 所示。

表6-1　正则表达式的普通转义字符

字　　符	说　　明
[···]	位于括号之内的任意字符
[ˆ ···]	不在括号之内的任意字符
.	除换行符和其他Unicode行终止符之外的任意字符
\d	匹配一个数字字符，等价于[0～9]
\D	匹配一个非数字字符，等价于[ˆ 0～9]
\w	任何单词字符，包括字母和下画线。等价于"[A～Z a～z 0～9]"
\W	任何非单词字符。等价于"[ˆ A～Z a～z 0～9]"
\s	任何空白字符，包括空格、制表符、分页符等。等价于"[\f\n\r\t\v]"
\S	任何非空白字符。等价于"[ˆ \f\n\r\t\v]"
\f	分页符。等价于\x0c或\cL
\n	换行符。等价于\x0Aa或\Cj
\r	回车符。等价于\x0d或\cM

任务实施与测试

（1）应用 imagecreate() 函数创建背景。

（2）应用 mt_rand() 函数产生随机数。

（3）通过 for 循环将随机数显示在所创建的图片中。

```
/*代码6-3　用户登录-"图像验证码"程序*/
<?php
session_start();
$str="abcdefghijklmnopqrstuvwxyz0123456789";
for($i=0;$i<4;$i++){
```

```
$num.=substr($str,mt_rand(0,29),1);
}

$_SESSION['zym']=$num;
$img=imagecreate(60,20);
$white=imagecolorallocate($img,255,255,255);
$blue=imagecolorallocate($img,0,0,255);
for($i=1;$i<200;$i++){
$x=mt_rand(1,60-9);
$y=mt_rand(1,20-6);
$color=imagecolorallocate($img, mt_rand(200,255), mt_rand(200,255), mt_
rand(200,255));
imagechar($img,1,$x,$y, «*»,$color);
}

for($i=0; $i<4; $i++){
$strx=mt_rand(3,35);
$strpos=mt_rand(1,6);
imagestring($img,5,$strx,$strpos,substr($num,$i,1),$blue);
/*$Strx+=mt_rand(8,12);*/
}
ob_clean();
header(«content_type:imge/gif»);
imagegif($img);
?>
```

程序运行结果如图 6-1 所示。

图6-1 程序运行结果

任务拓展

在简单随机数生成的基础上完善带图形底纹变化的验证码。

任务6.2　购物系统注册模块

任务描述

登录注册模块主要包括用户登录和用户注册两个功能。登录、注册是普通浏览者来到网站都可以使用的功能，登录、注册功能的开发主要用到用户表（如 tb_user）。用户注册过程就是将用户注册时填写的信息插入到数据库用户表中；用户登录就是将用户登录填写的账户信息和数据库中的信息相匹配，如果一致则登录成功。

在用户注册过程中，需要用户添加一个验证码，验证码是为了提高程序的安全性而设计的，验证码是图像上面的随机数，由于计算机程序对图像的识别很困难，所以可以防止恶意程序在网站注册用户。登录注册模块流程如图 6-2、图 6-3 所示。

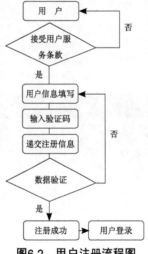

图6-2　用户注册流程图

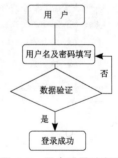

图 6-3　用户登录流程图

知识储备

1. 通过 GET 方法递交数据

使用 GET 方法时，表单数据被当作 URL 的一部分一起传过去。格式如下：

```
http://url?name1=value1&name2=value2
```

其中，各参数含义如下。

（1）url 为表单响应地址。例如，192.168.0.3/index.php。

（2）name 为表单元素的名称。例如，<input type="text" name="user">。这里 name 的属性值就是 user，通过 name 值可以获取 value 的属性值。

（3）value 为表单元素的值。例如，<input type="text" name="user" value="mr">。意思是，名字叫 user 的 text 表单元素的值为 mr。

（4）url 和表单元素之间用"？"隔开，而多个表单元素之间用"&"隔开，每个表单元素的格式都是"name=value"，固定不变。

PHP 使用 $_GET 预定义变量自动保存通过 GET 方法传过来的值，使用格式如下。

```
$_GET[name]
```

这样，即可直接使用名字为 name 的表单元素的值。下面代码 6-4 是一个文本框传递值的程序，程序中包含一个文本框元素，文本框内的信息就会和 URL 一起显示在地址栏中，程序的主要代码如下：

```
/*代码6-4  用GET方法传递值*/
<form name="login" method="get" action="index1.php">
<table width="300" border="0" cellpadding="0" cellspacing="0">
 <tr>
   <td height="30"><?php echo $_GET[user]; ?>  </td>
 </tr>
 <tr>
   <td height="60" align="center" valign="middle"><input type="text"
name="user" size="20"/><td>
 </tr>
 <tr>
   <td height="60" align="center" valign="middle"><input type="submit"
name="submit" value="提交"/><td>
 </tr>
</table>
</form>
```

GET 传递值如图 6-4 所示。

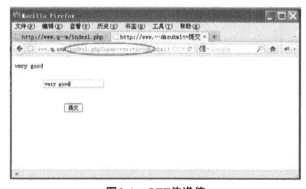

图6-4　GET传递值

2．通过 POST 方法提交数据

GET 方法有一个缺点，即它的信息显示在客户端浏览器上，这使用户的资料暴露在

URL 地址栏中,而我们可以选择 POST 方法,突显其安全性,传递的信息不会显示在地址栏中。使用时,将 <form> 表单中的属性 method 设置成 POST 即可,POST 方法不依赖 URL,所有提交的信息在后台传输。

使用 PHP 的 $_POST[name] 变量可以获取表单元素的值,格式和 $_GET[name] 类似。代码 6-5 使用 POST 方法返回文本框信息,观察和 GET 方法有何不同。

```
/*代码6-5  用POST方法传值*/
<form name="login" method="post" action="index1.php">
  <table width="300" border="0" cellpadding="0" cellspacing="0">
  <tr>
    <td height="30"><?php echo $_POST[user]; ?>  </td>
  </tr>
  <tr>
    <td height="60" align="center" valign="middle"><input type="text" name="user"
size="20"/><td>
  </tr>
  <tr>
  <td height="60" align="center" valign="middle"><input type="submit"
name="submit" value="提交"/><td>
  </tr>
  </table>
</form>
```

POST 传递值如图 6-5 所示。

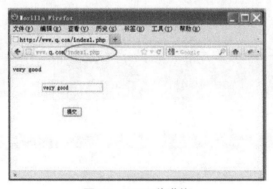

图6-5 POST传递值

在实例应用中,如提交表单元素到数据处理页,用以检测用户输入的用户名和密码是否正确。

```
/*代码6-6  检测用户是否合法*/
<?php
 Include "conn.php";
$name=$_POST[txt_user];
$pwd=$_POST[txt_pwd];
$sql=mysql_query("select * from tb_user where username='".$name."' and
password='".$pwd."'");
$result=mysql_fetch_array($sql);
```

```
if($result!=""){
?>
<script language="javascrip">
    Alert("登录成功");window.location.href="index.php";
</script>
<?php
 }else{
?>
<script language="javascript">
      Alert("对不起，您输入的用户名，密码不正确，请重新输入！"); window.location.
href="index.php";
</script>
<?php>
 }
?>
```

任务实施与测试

　　用户注册功能通过用户注册页面和添加注册两个程序页面实现。注册页面主要用于收集用户信息，添加注册页面负责将用户信息添加到数据库中。创建用户注册页面，需要通过一个表单获得用户的详细信息，并将其保存到数据库中。用户注册界面如图 6-6 所示。

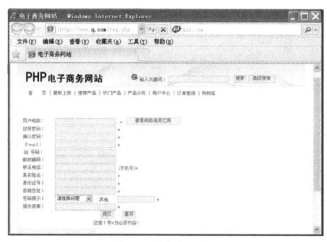

图6-6　用户注册界面

　　注册页面接收到用户信息，当用户单击"注册"按钮时，将触发 JS 的 onsubmit 事件，调用数据验证程序，如通过验证，那么将用户填写的信息进行提交。完整注册页面代码如下：

```
/*代码6-7　注册页面代码*/
<table width="766" height="350" border="0" align="center" cellpadding="0"
cellspacing="0">
  <tr>
    <td width="229" height="350" align="center" valign="top"
bgcolor="#F0F0F0"><?php include("left_menu.php");?></td>
```

```
        <td width="561" align="center" valign="top" bgcolor="#FFFFFF"><table
width="557" height="15" border="0" align="center" cellpadding="0"
cellspacing="0">
        <tr>
          <td width="500"><table width="557" border="0" align="center"
    cellpadding="0" cellspacing="0">
          <tr>
           <td width="557" height="46" ><div align="center" style="color:
#FFFFFF"></div></td> </tr>
             <tr><td  bgcolor="#555555"><table width="557" border="0"
align="center" cellpadding="0" cellspacing="0">
      <form name="form1" method="post" action="savereg.php" onSubmit="return
chkinput(this)"> <tr>
      <td  width="100"  height="20"  bgcolor="#FFFFFF"><div
align="center">  用户昵称: </div></td>
    <td width="397" bgcolor="#FFFFFF"><div align="left">
    <input type="text" name="usernc" size="25" class="inputcss"
style="background-color:#e8f4ff " onMouseOver="this.style.
backgroundColor='#ffffff'" onMouseOut="this.style.backgroundColor='#e8f4ff'">
    <span style="color: #FF0000"> *</span> 
     <input name="button2" type="button" class="buttoncss"
onclick="chknc(form1.usernc.value)" value="查看昵称是否已用"></div></td> </tr>
    <tr><td height="20" bgcolor="#FFFFFF"><div align="center">注册密码: </div></
td>
    <td height="20" bgcolor="#FFFFFF"><div align="left">
    <input type="password" name="p1" size="25" class="inputcss"
style="background-color:#e8f4ff " onMouseOver="this.style.
backgroundColor='#ffffff'" onMouseOut="this.style.backgroundColor='#e8f4ff'">
    <span style="color: #FF0000">*</span></div></td> </tr>
     <tr> <td height="20" bgcolor="#FFFFFF"><div align="center">确认密码: </
div></td>
      <td height="20" bgcolor="#FFFFFF"><div align="left">
      <input type="password" name="p2" size="25" class="inputcss"
style="background-color:#e8f4ff " onMouseOver="this.style.
backgroundColor='#ffffff'" onMouseOut="this.style.backgroundColor='#e8f4ff'">
    <span style="color: #FF0000">*</span></div></td> </tr>
     <tr> <td height="20" bgcolor="#FFFFFF"><div align="center">E-mail: </
div></td>
      <td height="20" bgcolor="#FFFFFF"><div align="left">
      <input type="text" name="email" size="25" class="inputcss"
style="background-color:#e8f4ff " onMouseOver="this.style.
backgroundColor='#ffffff'" onMouseOut="this.style.backgroundColor='#e8f4ff'">
    <span style="color: #FF0000">*</span></div></td> </tr>
     <tr> <td height="20" bgcolor="#FFFFFF"><div align="center">QQ 号码:
</div></td>
      <td height="20" bgcolor="#FFFFFF"><div align="left">
```

```html
    <input type="text" name="qq" size="25" class="inputcss"
style="background-color:#e8f4ff " onMouseOver="this.
style.backgroundColor='#ffffff'" onMouseOut="this.style.
backgroundColor='#e8f4ff'"></div></td> </tr>
    <tr><td height="20" bgcolor="#FFFFFF"><div align="center">邮政编码：</
div></td>
    <td height="20" bgcolor="#FFFFFF"><div align="left">
    <input type="text" name="yb" size="25" class="inputcss" style="background-
color:#e8f4ff " onMouseOver="this.style.backgroundColor='#ffffff'"
onMouseOut="this.style.backgroundColor='#e8f4ff'"> </div></td> </tr>
    <tr> <td height="20" bgcolor="#FFFFFF"><div align="center">联系电话：</
div></td>
    <td height="20" bgcolor="#FFFFFF"><div align="left">
    <input type="text" name="tel" size="25" class="inputcss"
style="background-color:#e8f4ff " onMouseOver="this.style.
backgroundColor='#ffffff'" onMouseOut="this.style.backgroundColor='#e8f4ff'">
    <span style="color: #FF0000">(手机号)*</span></div></td> </tr>
    <tr><td height="20" bgcolor="#FFFFFF"><div align="center">真实姓名：</
div></td>
    <td height="20" bgcolor="#FFFFFF"><div align="left">
    <input type="text" name="truename" size="25" class="inputcss"
style="background-color:#e8f4ff " onMouseOver="this.style.
backgroundColor='#ffffff'" onMouseOut="this.style.backgroundColor='#e8f4ff'">
    <span style="color: #FF0000">*</span> </div></td></tr>
    <tr> <td height="20" bgcolor="#FFFFFF"><div align="center">身份证号：</
div></td>
    <td height="20" bgcolor="#FFFFFF"><div align="left">
    <input type="text" name="sfzh" size="25" class="inputcss"
style="background-color:#e8f4ff " onMouseOver="this.style.
backgroundColor='#ffffff'" onMouseOut="this.style.backgroundColor='#e8f4ff'">
    span style="color: #FF0000">*</span></div></td></tr>
    <tr><td height="20" bgcolor="#FFFFFF"><div align="center">家庭住址：</div></td>
        <td height="20" bgcolor="#FFFFFF"><div align="left">
    <input type="text" name="dizhi" size="25" class="inputcss"
style="background-color:#e8f4ff " onMouseOver="this.style.
backgroundColor='#ffffff'" onMouseOut="this.style.backgroundColor='#e8f4ff'">
    <span style="color: #FF0000">*</span></div></td></tr>
    <tr> <td height="20" bgcolor="#FFFFFF"><div align="center">密码提示：</
div></td>
    <td height="20" bgcolor="#FFFFFF"><div align="left">
                    ......显示选择信息......
      其他:  
                                <input type="text" name="ts2" class="inputcss"
size="15" style="background-color:#e8f4ff " onMouseOver="this.style.
backgroundColor='#ffffff'" onMouseOut="this.style.backgroundColor='#e8f4ff'">
    <span style="color: #FF0000">*</span></div></td>  </tr>
```

```
        <tr> <td height="20" bgcolor="#FFFFFF"><div align="center">提示答案: </div></td>
            <td height="20" bgcolor="#FFFFFF"><div align="left">
        <input type="text" name="tsda" size="25" class="inputcss"
style="background-color:#e8f4ff  " onMouseOver="this.style.
backgroundColor='#ffffff'" onMouseOut="this.style.backgroundColor='#e8f4ff'">
        <span style="color: #FF0000">*</span></div></td> </tr>
        <tr> <td height="20" colspan="2" bgcolor="#FFFFFF"><div align="center">
            <input name="submit2" type="submit" class="buttoncss" value="提交">
           <input name="reset" type="reset" class="buttoncss" value="重写
"></div></td>
                        </tr> </form></table></td></tr> </table>
                <table width="557" height="25" border="0" align="center"
cellpadding="0" cellspacing="0">  <tr> <td width="547"><div align="center"
style="color: #FF0000">注意: 带*为必添内容!</div></td> </tr> </table></td> </
tr></table></td> </tr></table>
```

 任务拓展

进一步完善注册用户及密码复杂度的检查模块的实现。

任务6.3　购物系统登录模块

 任务描述

用户输入登录信息，经过对用户名是否存在进行验证，同时对验证码进行校验，都符合要求则将允许登录。用户登录验证程序有两种实现方法，通过 Session 或 Cookie。这两种方式都实现登录功能。基于 Session 的用户登录安全性更好一些，但是通常当用户关闭浏览器时用户登录信息就失效了。基于 Cookie 的用户登录可以实现用户登录信息的长期保存。登录验证程序接收登录页面传过来的用户名和密码信息，然后和数据库中的账户信息进行匹配，如匹配正确则登录成功，用户登录后需要将登录信息保存在 Session 中以供其他页面使用，而不会出现同一用户多次对同一网站进行多次登录。这里采用更安全的 Session 方案。

用户登录成功后保存三个变量到 Session 中，在其他页面就可以输出用户名。将用户 ID 保存到 Session 中是因为在生成订单时，需要将用户 ID 保存到订单表。

 知识储备

1. Cookie

Cookie 是一种在远程浏览器端存储数据并以此来跟踪和识别用户的机制。Cookie 是 Web

服务器暂时存储的用户硬盘上的一个文本文件，并随后被 Web 浏览器读取。 当用户再次访问 Web 网站时，网站通过读取 Cookie 文件记录这位访客的特定信息，从而迅速做出回应，如在页面中不需要输入用户名的 ID 和密码即可直接登录到网站等。文本文件的命令格式如下：

```
用户名@网站地址[数字].txt
```

Web 服务器可以应用 Cookie 包含信息的任意性来筛选并经常维护这信息，以判断在 HTTP 传输中的状态。Cookie 常用于以下 3 个方面：

（1）记录访客的某些信息。如可以利用 Cookie 记录用户访问网页的次数，或者记录访客曾经输入过的信息，另外，某些网站可以使用 Cookie 自动记录访客上次登录的用户名。

（2）在页面之间传递变量。浏览器并不会保存当前页面上的任何变量信息，当页面关闭时页面上的任何变量信息将随之消失。如果用户声明一个变量 id=6，要把这个变量传递到另一个页面，可以把变量 id 以 Cookie 形式保存下来，然后在下一页通过读取该 Cookie 获取变量的值。

（3）将所看到的 Internet 页存储在 Cookies 临时文件夹中，这样可以提高以后浏览的速度。

在 PHP 中通过 setcookie() 函数创建 Cookie。在创建 Cookie 之前必须了解的是，Cookie 是 HTTP 头标的组成部分，而头标必须在页面其他内容之前发送，它必须最先输出，即使在 setcookie() 函数前输出一个 HTML 标记或 echo 语句，甚至一个空行都会导致程序出错。

语法如下：

```
bool setcookie(string name[,string value[,int expire[,string path[,string
domain[,int secure]]]]])
```

各参数含义如下。

（1）name：Cookie 的变量名。

（2）value：Cookie 变量的值，该值保存客户端，不能用来保存敏感数据。

（3）expire：Cookie 的失效时间，expire 是标准的 UNIX 时间标记，可以用 time() 函数或 mktime() 函数获取，单位为秒。

（4）path：Cookie 在服务端的有效路径。

（5）Domain：Cookie 有效的域名。

（6）Secure：指明 Cookie 是否仅通过安全的 HTTPS，值为 0 或 1。

2. Session

Session 是指一个终端用户与交互系统进行通信的时间间隔，通常指从注册到注销退出系统之间所经过的时间。因此，Session 实际是一个特定的时间概念。

由于网页是一种无状态的连接程序，一次无法得知用户的浏览状态。因此必须通过 Session 记录用户名的有关信息，以提供用户再一次以此身份对 Web 服务器提供需要时做确认。例如，在电子商务网站中，通过 Session 记录用户名登录的信息，以及用户所购买的商品，如果没有 Session，那么用户就会每进入一个页面都要登录一遍用户名和密码。

创建 Session 的过程：① 启动会话→② 注册会话→③ 使用会话→④ 删除会话。

下面对上述步骤进行详细介绍。

（1）启动 PHP 会话的方式有两种：一种是使用 session_start() 函数，另一种是使用 session_register() 函数为会话登录一个变量来隐含地启动会话。这里要注意，通常 session_ start() 函数在页面开始位置调用，然后会话变量被登录到数据 $_Session，通过 session_start() 函数创建一个会话。语法如下：

```
Bool session_start(void)
```

（2）注册会话：会话变量被启动，全部保存在数组 $_SESSION 中，通过数组 $_SESSION 创建一个会话变量很容易，只要直接给该数组添加一个元素即可。

（3）使用会话：首先需要判断会话变量是否有一个会话 ID 存在，如果不存在，就创建一个，并且使其能够通过全局数组 $_SESSION 进行访问。如果已经存在，则将这个已注册的会话变量载入以供用户使用。

（4）删除会话：删除会话的方法主要是删除单个会话、删除多个会话和结束当前的会话 3 种。删除单个会话，如注销 $_SESSION['user'] 变量，可以使用 unset() 函数，代码如下：

```
Unset ($_SESSION['user']);删除多个会话：$_SESSION=array().结束当前的会话：
Session_destroy().
```

3．Cookie 和 Session 比较

Session 和 Cookie 的最大区别是：Session 是将 Session 的信息保存在服务器上，并通过一个 Session ID 来传递客户端的信息，同时服务器收到 Session ID 后，根据这个 ID 来提供相关的 Session 信息来源；Cookie 是将所有的信息以文本文件的形式保存在客户端，并由浏览器实行管理和维护。由于 Session 为服务器存储，所以远程用户无法修改 Session 文件的内容。而 Cookie 为客户端存储，所以 Session 要比 Cookie 安全得多，当然使用 Session 还有很大优势，如控制容易、可以按照用户自定义存储等。

 任务实施与测试

图6-7　用户登录界面

用户登录页面的主要功能是用户登录用户中心进行操作的入口，为了防止使用恶意程序不断猜测用户密码，系统采用了带验证码的用户登录技术。验证码的主要思想是在用户登录页面随机产生一个数字，用户登录同时需要输入这个数字，用户提交输入的内容后，系统将把用户输入的验证码与系统的验证码进行对照，用以判断其合法性。完整代码见代码6-8，用户登录界面如图 6-7 所示。

```
/*代码6-8　系统用户登录模块*/
  <form name="form2" method="post" action="chkuser.php" onSubmit="return
chkuserinput(this)">
  <tr> <td height="10" colspan="3"> </td> </tr>
  <tr> <td width="50" height="20"><div align="right">用户：</div></td>
     <td height="20" colspan="2"><div align="left">
  <input type="text" name="username" size="19" class="inputcss"
style="background-color:#e8f4ff " onMouseOver="this.
style.backgroundColor='#ffffff'" onMouseOut="this.style.
backgroundColor='#e8f4ff'"></div></td> </tr>
```

```
    <tr><td height="20"><div align="right">密码: </div></td>
    <td colspan="2"><div align="left"><input type="password" name="userpwd"
size="19" class="inputcss" style="background-color:#e8f4ff "
onMouseOver="this.style.backgroundColor='#ffffff'" onMouseOut="this.style.
backgroundColor='#e8f4ff'"></div></td></tr>
    <tr><td height="20"><div align="right">验证: </div></td>
    <td width="66" height="20"><div align="left"> <input type="text"
name="yz" size="10" class="inputcss" style="background-color:#e8f4ff "
onMouseOver="this.style.backgroundColor='#ffffff'" onMouseOut="this.style.
backgroundColor='#e8f4ff'"></div></td>
    <td width="64"><div align="left">  
    <?php
$num=intval(mt_rand(1000,9999));
for($i=0;$i<4;$i++){
echo "<img src=images/code/".substr(strval($num),$i,1).".gif>";
}
?>
</div></td> </tr>
    <tr><td height="20" colspan="3"> <div align="right">
<input type="hidden" value="<?php echo $num;?>" name="num">
<input name="submit" type="submit" class="buttoncss" value="提 交">
<a href="agreereg.php">注册</a> <a href="javascript:openfindpwd()">找
回密码</a> </div></td>
    ……
    </tr>
    </table>
```

任务拓展

完善购物系统登录模块的开发及实现用户登录功能。

项目重现

完成BBS论坛的用户注册、用户登录界面等功能

1. 项目目标

完成本项目后,读者能够:
- 实现BBS用户信息注册功能。
- 实现BBS用户登录功能。

2. 知识目标

完成本项目后,读者应该掌握:

- 验证码编写的方法。
- 随机函数的应用。

3．项目介绍

BBS 论坛用户注册是用户加入论坛必需的步骤，是日后对合法用户身份验证的依据。用户登录模块是检证用户合法身份的必要手段，以此确保论坛的安全性。

4．项目内容

（1）用户验证码功能

在实际应用中考虑用户登录时用到验证码，它通过随机函数来生成，应用 mt_rand() 函数产生随机数。自定义一个 check() 函数，用于判断验证码的值是否相等。

（2）用户登录功能

有用户登录时，其主要功能是用户登录用户中心进行操作的入口，除了应用验证码的方式确保安全以外，还要在表单中使用 method="post" 方式，而不用 method="get" 方式。这样做可避免个人信息在网页的地址栏中泄露。

商品订购与结算模块制作

 学习目标

在前面 PHP 的基本语法学习中，我们已经基本了解了表单的数据处理方法。本项目将利用表单处理来具体实现网上购物系统，以达到熟练掌握利用 PHP 及表单进行数据的传递及接收的方法。

 知识目标

- 掌握数组函数和时间函数的用法
- 熟练掌握利用 PHP 及表单进行数据的传递及接收的方法

 技能目标

- 能完成 PHP 与网页的表单中各种元素的数据输入及处理任务
- 能掌握购物车开发的过程，并能独立完成系统商品订购与结算模块

项目背景

用户购买商品的流程是：来到商城—选择商品—将商品放入购物车—结算下订单。在实现了购物系统商品动态展示功能模块后，下一步要实现的就是商品的订购与结算功能。

系统中商品订购与结算模块，实际就是实现购物车的功能。购物车主要用来存放用户选择好的商品。用户可以将选中的商品添加到购物车，也可以从购物车中移除商品、修改商品的数量、清空购物车或查询购买商品的总价格等。本项目将具体讲解商品订购与结算模块的开发方法。

任务实施

购物系统的主要核心技术在于商品的展示及网上订购、结算功能。通过这个功能，用户在选择了自己喜欢的商品后，就可以通过将商品加入购物车、提交订单、结账等完成购物。系统中这个功能主要通过订单查询、购物车等模块来实现。本项目要完成的商品订购及结算模块功能结构图，如图 7-1 所示。

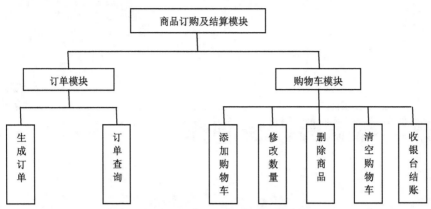

图7-1　商品订购及结算模块功能结构图

在本功能实现的过程中，能让读者了解购物车开发的思想。读者最终能实现完整的购物系统。

任务7.1　购物车管理

 任务描述

本任务完成购物车管理，包含添加购物车、修改数量、删除商品、清空购物车、收银台结账等功能。购物车实现流程图如图 7-2 所示。

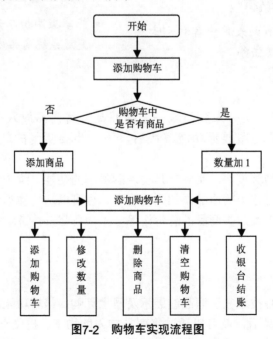

图7-2　购物车实现流程图

知识储备

1. 字符串函数

字符串函数在 PHP 中应用非常广泛，下面介绍字符串函数的知识。

（1）字符串截取函数

substr() 函数从字符串的指定位置截取一定长度的字符。函数格式如下：

```
substr(string string,int start [,int length])
```

- string：必需。规定要返回其中一部分的字符串。
- start：必需。规定从字符串的何处开始。如果是正数，在字符串的指定位置开始。如果是负数，在字符串结尾的指定位置开始。如果是0，在字符串中的第一个字符处开始。
- length：可选。规定要返回的字符串长度。默认是直到字符串的结尾。如果是正数，从 start 参数所在的位置返回。如果是负数，从字符串末端返回。

（2）统计字符串长度

strlen() 函数用于计算字符串的长度。函数格式如下：

```
strlen(string)
```

string：必需。规定要检查的字符串。

例如，Web 开发时为了保持页面的布局，经常需要截取超长字符串，如文章的标题。

```php
/*代码7-1  截取文章标题*/
<?php
    $str="2012年第四届全国高校开源及创意大赛的通知";
    if(strlen($str)>20){                        //判断字符串长度是否大于20个字符
        echo substr($str,0,20)."...";           //截取20个字符
    }else{
        echo $str;
    }
?>
```

程序运行结果如下：

```
2012年第四届全国高校...
```

（3）字符串分割函数

explode() 函数把字符串分割为数组。函数格式如下：

```
explode( string separator,string string [,int limit] )
```

- separator：必需。规定在何处分割字符串。
- string：必需。规定要分割的字符串。
- limit：可选。规定所返回的数组元素的数目。

（4）字符串合并函数

implode() 函数可以把数组元素组合为一个字符串。函数格式如下：

```
implode(string separator,string array)
```

separator：可选。规定数组元素之间放置的内容。默认是""（空字符串）。

array：必需。

例如，对一个有归路的字符串先分割，再重新合并，代码 7-2 如下：

```php
/*代码7-2截取文章标题*/
<?php
    $str = "Hello world. It's a beautiful day.";
    $arr=explode(" ",$str);          //以空格为分割符，分割字符串
    foreach($arr as $value)          //循环显示数组
    {
        echo $value."<br>";
    }
    echo implode("-",$arr);          //以-为连接符合并字符串
?>
```

程序运行结果：

```
Hello
world.
It's
a
beautiful
day.
Hello-world.-It's-a-beautiful-day.
```

（5）替换字符串

利用字符串替换技术可以屏蔽帖子或者留言板中的非法字符，可以对查询的关键字高亮显示。

str_replace() 函数使用一个字符串替换字符串中的另一些字符。

```
str_replace(find,replace,string,count)
```

- find：必需。规定要查找的值。
- replace：必需。规定替换 find 中的值。
- string：必需。规定被搜索的字符串。
- count：可选。一个变量，对替换数进行计数。

该函数区分大小写。如果不希望区分大小写，可使用 str_ireplace() 执行搜索。

例如，将选中的字符串替换为红色，代码 7-3 如下：

```php
/*代码7-3  字符串替换*/
<?php
    $text="请将文章中PHP设置为高亮显示";
    $str="PHP";
    echo str_replace($str,"<font color='FF0000'>PHP</font>",$text);
?>
```

程序运行结果：

```
Hello
请将文章中PHP（此处php为红色）设置为高亮显示。
```

（6）字符串检索

strstr() 搜索一个字符串在另一个字符串中第一次出现的位置。函数格式如下：

```
strstr(string,search)
```

- string：必需。规定被搜索的字符串。
- search：必需。规定所搜索的字符串。如果该参数是数字，则搜索匹配数字 ASCII 值的字符。

（7）字符串格式化函数（见表 7-1）。

表7-1　字符串格式化函数

函　　数	说　　明
ltrim()	从字符串左侧删除空格或其他预定义字符串
rtrim()	从字符串的末端开始删除空白字符串或其他预定义字符
trim()	从字符串的两端删除空白字符和其他预定字符
str_pad()	把字符串填充为新的长度
strtolower()	把字符串转换为小写
strtoupper()	把字符串转换为大写
ucfirst()	把字符串中的首字符转为大写
ucwords()	将给定的单词和首字母转为大写
nl2br()	在字符串的每个新行之前插入HTML换行符
htmlentities()	把字符转换为HTML实体
htmlspecialchars()	把一些预定义的字符转换为HTML实体
strrev()	反转字符串
strval()	将变量转成字符串类型
strip_tags()	剥去HTML、XML及PHP的标签

2. 数组函数

数组函数在本项目中也有应用，下面介绍几个数组函数。

（1）检查键名是否存在于指定数组中的函数

array_key_exists () 函数用于检查键名是否存在于指定数组中。函数格式如下：

```
bool array_key_exist(mixed key,array search)
```

参数 key 为查找的数组键名，search 为指定的数组，给定的 key 存在于数组中时返回 true。key 可以是任何能作为数组索引的值。array_key_exists() 也可用于对象。

例如，检查键名是否存在于指定数组中，代码 7-4 如下：

```
/*代码7-4　检查键名*/
<?php
    $search_array = array('first' => 1, 'second' => 4);
    if (array_key_exists('first', $search_array)) {
        echo "键名存在于数组中";
        }
?>
```

程序运行结果：

```
输入;1
输出：键名存在于数组中
```

（2）把数组中的值赋给一些变量的函数

list() 函数用于把数组中的值赋给一些变量。函数格式如下：

```
void list ( mixed varname, mixed ... )
```

list() 用一步操作给一组变量进行赋值。list() 仅能用于数字索引的数组并假定数字索引从 0 开始。

例如，将数组中的值赋值给一些变量，代码 7-5 如下：

```php
/*代码7-5   数组值赋值给变量*/
<?php
$info = array('coffee', 'brown', 'caffeine');
list($drink, $color, $power) = $info;        //将数组中所有元素赋值给变量
echo "$drink is $color and $power makes it special.\n";
list($drink, , $power) = $info;              //将数组中部分元素赋值给变量
echo "$drink has $power.\n";
?>
```

程序运行结果：

```
coffee is brown and caffeine makes it special.
coffee has caffeine.
```

（3）返回数组中当前的键值对，并将数组指针向前移动一步的函数

each() 函数用于返回数组中当前的键值对，并将数组指针向前移动一步。函数格式如下：

```
array each ( array &array )
```

键值对被返回为 4 个单元的数组，键名为 0、1、key 和 value。单元 0 和 key 包含数组单元的键名，1 和 value 包含数据。如果内部指针越过了数组的末端，则 each() 返回 false。

例如，返回数组中当前的键值对，代码 7-6 如下：

```php
/*代码7-6   返回数组中当前的键值对*/
<?php
$fruit = array('a' => 'apple', 'b' => 'banana', 'c' => 'cranberry');
reset($fruit);
while (list($key, $val) = each($fruit)) {
    echo "$key => $val\n";
}
?>
```

程序运行结果：

```
a => apple
b => banana
c => cranberry
```

（4）Session 和 Cookie 数组形态

Session 和 Cookie 都可以利用多维数组的形式，将多个内容存储在相同名称的 Session 和 Cookie 中。

例如，将一个二维数组赋值给 Session 变量，二维数组的每个元素显示一条商品信息，代码 7-7 如下：

```php
/*代码7-7   二维数组形态的Session*/
<?php
  $arr[0]=array('id' => 1, 'name' => 'apple')
  $arr[1]=array('id' => 2, 'name' => 'banana')
  $arr[2]=array('id' => 1, 'name' => 'cranberry')
  $_SESSION['fruit'] =$arr;
  echo $_SESSION['fruit']['0']['id'];
  echo $_SESSION['fruit']['0']['name'];
?>
```

程序运行结果：

```
1   apple
```

再例如，将用户名和密码赋值给二维数组形态的 Cookie 变量，代码 7-8 如下：

```php
/*代码7-8   二维数组形态的Cookie*/
<?php
  setcookie("user['uname']", "admin");
  setcookie("user['password']", "admin");
  foreach($_COOKIE['user']as $key=>$value){
  echo $key. "=> ".$ value;
}
?>
```

程序运行结果：

```
uname => admin     password => admin
```

任务实施与测试

1．添加和查看购物车

在商品显示页面中，单击 购买 或 放入购物车 按钮，即可将商品信息添加到购物车中。完成该功能需要创建添加购物车和查看购物车两个页面，分别为 addgouwuche.php 和 gouwuche.php。

其中查看购物车页面用于查看购买的商品信息，包含商品名称、数量、价格等信息，如图 7-3 所示。

图7-3　查看购物车页面

（1）创建添加购物车 addgouwuche.php 页面。

（2）在添加购物车前，用户要先登录，用户名存在 Session 中。控制先登录再购买的代码如下：

```
if($_SESSION[username]==""){
  echo "<script>alert('请先登录后购物!');history.back();</script>"; }
```

（3）获取要购买商品的商品编号。当单击主页 index.php 中的 ≫ 购买 或 lookinfo.php 页面中的 放入购物车 按钮时，将商品编号传给添加购物车页面 addgouwuche.php。在 index.php 或 lookinfo.php 中，每个商品的 ≫ 购买 按钮超链接中插入 id 传递代码，代码如下：

```
<a href="addgouwuche.php?id=<?php echo $info[id];?>"> 购买</a>
```

（4）查询商品信息。根据传递过来的商品编号查询出商品相关信息，将商品编号、名称和购买数量等商品信息保存到数组中，再将数组保存到 Session 中。代码如下：

```
$sql=mysql_query("select * from tb_shangpin where id='".$id."'",$conn);
$info=mysql_fetch_array($sql);
```

（5）关于商品的购买数量，用户第一次购买默认购买数量是 1，如果重复购买，则在原购买数量基础上加 1。

（6）在创建的 addgouwuche.php 页面中插入 php 程序代码。代码 7-9 如下：

```
/*代码7-9  添加购物车程序代码段*/
<?php
session_start();
include("conn/conn.php");
if($_SESSION[username]==""){
  echo "<script>alert('请先登录后购物!');history.back();</script>";
  exit;
 }
$id=strval($_GET[id]);                 //strval()将变量转成字符串类型
$sql=mysql_query("select * from tb_shangpin where id='".$id."'",$conn);
$info=mysql_fetch_array($sql);
if($info[shuliang]<=0){
  echo "<script>alert('该商品已经售完!');history.back();</script>";
  exit;
 }
 $array=explode("@",$_SESSION[producelist]);
 for($i=0;$i<count($array)-1;$i++){
   if($array[$i]==$id){
     echo "<script>alert('该商品已经在您的购物车中!');history.back();</script>";
     exit;
    }
  }
 $_SESSION[producelist]=$_SESSION[producelist].$id."@";
 $_SESSION[quatity]=$_SESSION[quatity]."1@";
 header(„location:gouwuche.php");
?>
```

（7）创建查看购物车页面 gouwuche.php。

（8）在购买商品时，将商品信息保存到 Session 中，此时只要从 Session 中取出这些信息，输出到页面即可。

（9）在创建的 gouwuche.php 页面中插入 php 程序代码。代码 7-10 如下：

```php
/*代码7-10  查看购物车程序代码段*/
...
    <?php
    //session_register("total");
    if($_GET[qk]=="yes"){
        $_SESSION[producelist]="";
        $_SESSION[quatity]="";
    }
    $arraygwc=explode("@",$_SESSION[producelist]);
    $s=0;
    for($i=0;$i<count($arraygwc);$i++){
        $s+=intval($arraygwc[$i]);
    }
    if($s==0  ){
        echo "<tr>";
            echo " <td height='25' colspan='6' bgcolor='#FFFFFF' align='center'>
您的购物车为空!</td>";
        echo"</tr>";
    }
    else{
  ?>
  <tr>
<td width="125" height="25" bgcolor="#FFFFFF"><div align="center">商品名称
</div></td>
    <td width="52" bgcolor="#FFFFFF"><div align="center">数量</div></td>
    <td width="64" bgcolor="#FFFFFF"><div align="center">市场价</div></td>
    <td width="64" bgcolor="#FFFFFF"><div align="center">会员价</div></td>
    <td width="51" bgcolor="#FFFFFF"><div align="center">折扣</div></td>
    <td width="66" bgcolor="#FFFFFF"><div align="center">小计</div></td>
    <td width="71" bgcolor="#FFFFFF"><div align="center">操作</div></td>
  </tr>
  <?php
    $total=0;
    $array=explode("@",$_SESSION[producelist]);
    $arrayquatity=explode("@",$_SESSION[quatity]);
    while(list($name,$value)=each($_POST)){
                    for($i=0;$i<count($array)-1;$i++){
if(($array[$i])==$name){
  $arrayquatity[$i]=$value;
```

```
        }
            }
        }
    $_SESSION[quatity]=implode("@",$arrayquatity);
    for($i=0;$i<count($array)-1;$i++){
        $id=$array[$i];
        $num=$arrayquatity[$i];

        if($id!=""){
            $sql=mysql_query("select * from tb_shangpin where
id='".$id."'",$conn);
            $info=mysql_fetch_array($sql);
            $total1=$num*$info[huiyuanjia];
            $total+=$total1;
            $_SESSION["total"]=$total;
    ?>
    <tr>
        <td height="25" bgcolor="#FFFFFF"><div align="center"><?php echo
$info[mingcheng];?></div></td>
        <td height="25" bgcolor="#FFFFFF"><div align="center">
        <input type="text" name="<?php echo $info[id];?>" size="2"
class="inputcss" value=<?php echo $num;?>>
        </div></td>
    <td height="25" bgcolor="#FFFFFF"><div align="center"><?php echo
$info[shichangjia];?>元</div></td>
    <td height="25" bgcolor="#FFFFFF"><div align="center"><?php echo
$info[huiyuanjia];?>元</div></td>
        <td height="25" bgcolor="#FFFFFF"><div align="center"><?php echo @(ceil
(($info[huiyuanjia]/$info[shichangjia])*100))."%";?></div></td>
    <td height="25" bgcolor="#FFFFFF"><div align="center">
    <?php echo $info[huiyuanjia]*$num."元";?></div></td>
    <td height="25" bgcolor="#FFFFFF"><div align="center"><a href="removegwc.php?id=
    <?php echo $info[id]?>">删除</a></div></td>
    </tr>
    <?php
        }
        }
    ?>
        ...
    ?>
```

2．移除商品

（1）在查看购物车页面中，单击"删除"超链接时，执行 removegwc.php 页面删除购物中的商品。

（2）创建移除商品 removegwc.php 页面。

（3）在创建的 removegwc.php 页面中插入 PHP 程序代码。代码 7-11 如下：

```
/*代码7-11  添加购物车程序代码段*/
<?php
session_start();
$id=$_GET[id];                                        //接收通过get方式传来的商品id
$arraysp=explode("@",$_SESSION[producelist]);         //将Session的值放入数组中
$arraysl=explode("@",$_SESSION[quatity]);
for($i=0;$i<count($arraysp);$i++){                     //遍历该二维数组中的键值
   if($arraysp[$i]==$id){
       $arraysp[$i]="";                               //清除该一维数组
       $arraysl[$i]="";
    }
 }
$_SESSION[producelist]=implode("@",$arraysp);     //将清除后的二维数组重新放到
session中
$_SESSION[quatity]=implode("@",$arraysl);
header("location:gouwuche.php");
?>
```

3．修改商品数量

在查看购物车页面中，单击 更改商品数量 按钮即可完成商品数量的修改。该功能在 gouwuche.php 页面中实现。商品编号为 name 属性的值，商品数量为 value 属性的值。

显示商品数量的表单代码如下：

```
<input type="text" name="<?php echo $info[id];?>" size="2" class="inputcss"
value=<?php echo $num;?>>
```

4．清空购物车

（1）在查看购物车页面中，单击 清空购物车 链接即可完成清空购物车的功能。该功能在 gouwuche.php 页面中实现。清空购物车代码如下：

```
<a href="gouwuche.php?qk=yes">清空购物车</a>
```

（2）清空购物车就是将购物车中 SESSION 变量的值清空。

```
if($_GET[qk]=="yes"){
            $_SESSION[producelist]="";
            $_SESSION[quatity]="";
        }
```

任务拓展

完善购物车模块，完善后台购物车管理模块。

任务7.2　订单管理

任务描述

本任务完成订单管理，主要包含生成订单、订单查询两个功能。

知识储备

在本任务中，用户提交订单后系统自动生成订单创建时间，下面介绍 PHP 中的时间日期函数。

1．时区设置 date_default_timezone_set() 函数

在 PHP 中，时间日期函数依赖于服务器的时区设置，默认为零时区，即英国伦敦本地时间。我们使用的是北京时间，所以需要修改时区设置，可通过 date_default_timezone_set() 函数进行修改，其语法格式如下：

```
bool date_default_timezone_set(timezone)
```

参数 timezone 为时区名称，具体值可为 PRC（中华人民共和国）、Asia/Shang（上海）、Asia/Chongqing（重庆）或 Asia/Urumpi（乌鲁木齐）中的一个。

2．date() 函数

PHP 中最常用的日期和时间函数就是 date() 函数，其作用是按照给定的格式转化为具体的日期和时间字符串，其语法格式如下：

```
string date(string format[,int timestamp])
```

参数 timestamp 为时间戳，如果省略则使用 time() 返回值；参数 format 指定日期和时间输出格式，具体说明如表 7-2 所示。

表7-2　date()函数参数

format	说　明	返　回　值
	时间	
a	小写的上午值和下午值	am或pm
A	大写的上午值和下午值	AM或PM
B	Swatch Internet标准时	000~999
g	小时，12小时格式，没有前导零	1~12

续　表

format	说　　明	返　回　值
G	小时，24小时格式，没有前导零	0~23
h	小时，12小时格式，有前导零	01~12
H	小时，24小时格式，有前导零	00~23
i	有前导零的分钟数	00~59
s	秒数，有前导零	00~59
年		
L	是否为闰年	闰年为1，否则为0
o	ISO-8601格式年份数字	如1999或2003
Y	4位数字完整表示的年份	如1999或2003
y	2位数字表示的年份	如99或03
月		
F	月份，完整的文本格式	January到December
m	数字表示的月份，有前导零	01~12
M	三个字母缩写表示的月份	Jan~Dec
n	数字表示的月份，没有前导零	1~12
t	给定月份所应有的天数	28~31
日		
d	月份中的第几天，有前导零的2位数字	01~31
D	星期中的第几天，文本表示，3个字母	Mon~Sun
i	月份中的第几天，没有前导零	1~31
l(小写L)	星期几，完整的文本格式	Sunday~Saturday
N	ISO-8601格式数字表示的星期中的第几天	1（星期一）~7（星期天）
S	每月天数后面的英文扩展名，两个字符	st，nd，rd或者th
w	星期中的第几天，数字表示	0（星期天）~6（星期六）
z	年份中的第几天	0~366
星期		
W	ISO-8601格式年份中的第几周	如42（当年的第42周）
时区		
e	时区标识	如UTC，GMT
I	是否为夏令时	夏令时为1，否则为0
O	与格林威治时间相差的小时数	如：+0200
T	本机所有的时区	如：EST，MDT
Z	时差偏移量的秒数，UTC西边的时区偏移量总是负的，UTC东边的时区偏移量总是正的	-43 200到43 200

续 表

format	说 明	返 回 值
完整的日期/时间		
c	ISO-8601格式的日期	如2004-02-12T15:19:21+00:00
r	RFC 822格式的日期	如Thu，21 Dec 2000 16:01:07+0200
U	从Unix纪元开始至今的秒数	如1 268 285 637

例如，应用 date() 函数格式化输出本地时间，代码 7-12 如下：

```
/*代码7-12  格式化输出本地时间*/
<?php
date_default_timezone_set("PRC");
echo date("Y-m-d")."<br>";
echo date("Y-m-d H:i:s")."<br>";
echo date("Y年m月d日 H时i分s秒")."<br>";
?>
```

运行结果：

```
2014-04-07
2014-04-07  13:51:18
2014年04月07日 13时51分18秒
```

3. getdate() 函数

该函数可以获取日期和时间信息，返回一个由日期、时间信息组成的关联数组，函数语法格式如下：

```
array getdate([int timestamp])
```

函数返回的数组元素说明如表 7-3 所示。

表7-3　getdate()函数返回的时间数组元素

键 名	说 明	返 回 值
seconds	秒	0~59
minutes	分钟	0~59
hours	小时	0~23
mday	月份中的第几天	1~31
wday	星期中的第几天	0（星期天）~6（星期六）
mon	月份	1~12
year	4位数字表示的完整年份	如1999或2003
yday	一年中的第几天	0~365
weekday	星期几的完整文本表示	Sunday~Saturday
month	月份的完整文本表示	January~December
0	自从Unix纪元开始至今的秒数，和time()的返回值及用于date()的值类似	系统相关：典型值为从-2 147 483 648 到2 147 483 647

例如，利用 getdate() 函数获取当前时间信息，代码 7-13 如下：

```
/*例7-13代码  获取当前时间*/
<?php
date_default_timezone_set("PRC");
$var=getdate();
print_r($var);
echo "<br>";
echo "今天是一年中的第".$var['yday']."天"."<br>";
echo "今天是本月中的第".$var['mday']."天"."<br>";
?>
```

运行结果：

```
今天是一年中的第96天
今天是本月中的第7天
```

 任务实施与测试

1．生成订单

在购物车 gouwuche.php 页面中输入购买图书信息后，单击"去收银台"链接，进入填写收货人信息页面 gouwusuan.php，如图7-4所示。在用户填写完收货地址等信息后，单击 提交订单 按钮，将订单信息插入到数据库订单表中，完成生成订单的过程。

图7-4 填写收货人信息页面

（1）创建填写收货人信息页面 gouwusuan.php 页面。

（2）在创建的 gouwusuan.php 页面中插入 php 程序代码，生产订单号。代码 7-14 如下：

```
/*代码7-14  填写收货人信息页面代码段*/
<?php
 include("bottom.php");
 if($_GET[dingdanhao]!="")
   { $dd=$_GET[dingdanhao];
```

```
    session_start();
    $array=explode("@",$_SESSION[producelist]);
    $sum=count($array)*20+260;
   echo" <script language='javascript'>";
    echo" window.open('showdd.php?dd='+'".$dd."'','newframe','top=150,left
=200,width=600,height=".$sum.",menubar=no,toolbar=no,location=no,scrollbars=no
,status=no ')";
    echo "</script>";
  }
?>
```

（3）创建订单详细信息的页面 showdd.php，该页面在单击 提交订单 按钮后生成，该页面
显示的信息包含订单商品基本信息、订单费用及发货信息等，如图 7-5 所示。

图7-5 页面显示的信息

（4）在创建的 showdd.php 页面中插入 php 程序代码，实现通过订单号查询显示订单详
细信息、计算订单总价等功能。代码 7-15 如下：

```
/*代码7-15  订单详细信息页面代码段*/
<?php                              //通过订单号查询商品信息
  include("conn/conn.php");
  $dingdanhao=$_GET[dd];
  $sql=mysql_query("select * from tb_dingdan where dingdanhao='".$dingdanh
ao."'",$conn);
  $info=mysql_fetch_array($sql);
  $spc=$info[spc];
  $slc=$info[slc];
  $arraysp=explode("@",$spc);
  $arraysl=explode("@",$slc);
?>
<tr bgcolor="#FFFFFF">           //显示订单商品列表
<td height="20"><div align="center"><?php echo $info1[mingcheng];?></
div></td>
  <td height="20"><div align="center"><?php echo $info1[shichangjia];?></
div></td>
  <td height="20"><div align="center"><?php echo $info1[huiyuanjia];?></
div></td>
  <td height="20"><div align="center"><?php echo $arraysl[$i];?></div></td>
```

```
    <td height="20"><div align="center">
    <?php echo $arraysl[$i]*$info1[huiyuanjia];?></div></td>
            </tr>
    <?php                         //计算订单总价
        $total=0;
        for($i=0;$i<count($arraysp)-1;$i++){
            if($arraysp[$i]!=""){
                $sql1=mysql_query("select * from tb_shangpin where
id='".$arraysp[$i]."'",$conn);
                $info1=mysql_fetch_array($sql1);
                $total=$total+=$arraysl[$i]*$info1[huiyuanjia];
        ?>
    <tr bgcolor="#FFFFFF">                //显示发货信息
    <td width="81" height="20" align="center"><div align="left"
class="style6"> 下单人:</div></td>
    <td colspan="3"><div align="left"><?php echo $_SESSION[username];?></
div></td>
            </tr>
            <tr bgcolor="#FFFFFF">
    <td height="20" align="center"><div align="left" class="style6"> 收货
人:</div></td>
    <td height="20" colspan="3"><div align="left"><?php echo
$info[shouhuoren];?></div></td>
            </tr>
    ...
```

（5）用户填写好收货人信息后，单击 提交订单 按钮，执行 savedd.php，将订单信息插入到数据库订单表中，完成生成订单的过程。代码 7-16 如下：

```
/*代码7-16  生成订单页面代码段*/
<?php
session_start();
include("conn/conn.php");
$sql=mysql_query("select * from tb_user where name='".$_
SESSION[username]."'",$conn);
$info=mysql_fetch_array($sql);
$dingdanhao=date("YmjHis").$info[id];
$spc=$_SESSION[producelist];
$slc= $_SESSION[quatity];
$shouhuoren=$_POST[name2];
$sex=$_POST[sex];
$dizhi=$_POST[dz];
$youbian=$_POST[yb];
$tel=$_POST[tel];
$email=$_POST[email];
$shff=$_POST[shff];
$zfff=$_POST[zfff];
```

```
if(trim($_POST[ly])==""){
    $leaveword="";
}
else{
    $leaveword=$_POST[ly];
}
$xiadanren=$_SESSION[username];
$time=date("Y-m-j H:i:s");
$zt="未作任何处理";
$total=$_SESSION[total];
mysql_query("insert into tb_dingdan(dingdanhao,spc,slc,shouhuoren,sex,dizhi,youbian,tel,email,shff,zfff,leaveword,time,xiadanren,zt,total) values ('$dingdanhao','$spc','$slc','$shouhuoren','$sex','$dizhi','$youbian','$tel','$email','$shff','$zfff','$leaveword','$time','$xiadanren','$zt','$total')",$conn);
header("location:gouwusuan.php?dingdanhao=$dingdanhao");
?>
```

2．订单查询

生成订单后，可以单击主页面导航栏的"订单查询"链接，进入订单查询页面，如图7-6所示。该页面可以查询到订单的订单号、下单用户、订货人、金额总计、付款方式、收款方式、订单状态等信息。订单查询可以按订单人姓名查询，也可以按订单号查询。

订单查询						
下订单人姓名：			订单号：			
			查 找			
查询结果						
订单号	下单用户	订货人	金额总计	付款方式	收款方式	订单状态
2014041413294147	zz	啊啊	2079	建设银行汇款	普通平邮	未作任何处理
2014041414564847	zz	zz	399	建设银行汇款	普通平邮	未作任何处理

图7-6 订单查询页面

（1）创建订单查询页面——finddd.php 页面。

（2）在创建的 gouwusuan.php 页面中插入 PHP 程序代码，产生订单号。代码7-17如下：

```
<?php      //查询订单
    if($_POST[show_find]!="")
    {
    $username=trim($_POST[username]);
    $ddh=trim($_POST[ddh]);
    if($username=="")
    {
        $sql=mysql_query("select * from tb_dingdan where dingdanhao='".$ddh."'",$conn);
    }
    elseif($ddh=="")
    {
        $sql=mysql_query("select * from tb_dingdan where xiadanren='".
```

```
$username."'",$conn);
            }
        else
        {
            $sql=mysql_query("select * from tb_dingdan where xiadanren='".
$username."'and dingdanhao='".$ddh."'",$conn);
        }
        $info=mysql_fetch_array($sql);
        if($info==false)
        {
            echo "<div algin='center'>对不起,没有查找到该订单!</div>";
        }
        else
        {
    ?>
    ...
            <?php    //显示查询到的订单
            do
            {
            ?>
              <tr>
                <td height="25" bgcolor="#FFFFFF"><div align="center">
                    <?php echo $info[dingdanhao];?></div></td>
                <td height="25" bgcolor="#FFFFFF"><div align="center">
                    <?php echo $info[xiadanren];?></div></td>
                <td height="25" bgcolor="#FFFFFF"><div align="center">
                    <?php echo $info[shouhuoren];?></div></td>
                <td height="25" bgcolor="#FFFFFF"><div align="center">
                    <?php echo $info[total];?></div></td>
                <td height="25" bgcolor="#FFFFFF"><div align="center">
                    <?php echo $info[zfff];?></div></td>
                <td height="25" bgcolor="#FFFFFF"><div align="center">
                    <?php echo $info[shff];?></div></td>
                <td height="25" bgcolor="#FFFFFF"><div align="center">
                    <?php echo $info[zt];?></div></td>
              </tr>
              <?php
            }while($info=mysql_fetch_array($sql));
            ?>
```

 任务拓展

完善订单管理模块，完善后台订单增加、删除、修改、查询的功能。

**项目重现**

完成BBS系统发帖、回帖功能

1．项目目标

完成本项目后，读者能够：
- 实现BBS系统发帖功能。
- 实现BBS系统回帖功能。

2．知识目标

完成本项目后，读者应该熟悉：
- 时间函数和数组函数的用法。
- 利用表单进行数据的传递及接收方法。
- 表单的设计。

3．项目介绍

BBS论坛主要功能是帖子管理模块，发帖和回帖功能与用户注册有些类似，但用户发帖、回帖时，用户可以选择头像，可以进行文字格式的编辑等。

4．项目内容

（1）发送帖子

发表新帖一般首先进入到帖子管理页面，单击发送新帖按钮，当填完发帖的内容后，单击发送按钮提交，系统判断输入的数据是否合法，然后完成数据库插入操作。具体步骤如下：

① 应用"\$subject = htmlspecialchars()"语句获取发送新帖的主题，并且应用"if (!empty(\$subject))"语句判断帖子的主题是否为空。

② 应用if语句判断用户是发送新帖子还是编辑帖子。如果是发送新帖，则定义插入新帖的字符串；如果是编辑帖子，则根据帖子的ID号，定义更新帖子的字符串。

③ 调用sql_query()函数执行插入发送新帖或更新帖子的字符串操作。

④ 应用"if(\$mode == 'newtopic')"语句判断用户是否发送新帖，如果是，则调用sql_nextid()函数获取上一步insert操作产生的ID号。

（2）回复帖子和发送新帖的功能基本相同

回复帖子首先进入到回帖页面。用户提交回复之后，提交处理文件，系统判断输入的数据是否合法，然后完成数据库插入操作。

购物系统商品用户后台模块

学习目标

在前面内容中我们了解了用户登录注册、购物模块等的开发。这些功能模块都有网站前台功能，也就是普通用户可以使用的功能，那么如何完成网站的日常管理呢？例如，商品的添加、修改、删除、查询等。

完成这些工作还需要一个网站后台管理系统。后台管理系统的功能主要包括商品管理、用户管理、订单管理等内容。在添加商品时，需要将商品的图片上传到服务器，然后显示在页面中。

那 PHP 如何实现文件上传呢？在后台管理系统的首页面中，如何实现页面左侧的导航功能，而在页面的右侧显示出其相应的内容呢？这些是本项目学习的要点。

知识目标

- 熟悉页面布局中浮动的灵活使用
- 掌握文件上传的实现方法

技能目标

- 学会使用<div>块级标签
- 学会通过表单中<input type="file">标记实现文件上传

任务实施

后台登录作为后台管理系统的入口，主要用于验证管理员的身份。商品管理模块这部分主要实现对商品信息的管理，包括商品信息的添加、修改、删除和商品类别的添加。订单信息管理模块的主要功能包括查看所有用户提交的订单信息，根据执行阶段对订单进行标记处理，以及根据不同条件查询订单信息。

任务8.1　后台管理登录界面

 任务描述

在设计时考虑到防止非法用户进入后管理系统，在此通过调用 chkinput() 方法实现判断用户名和密码是否正确，如果是合法用户，则可以登录后台管理系统的主页面；否则，屏幕给出出现错误的提示。

 知识储备

在进行导航界面的设计时，要考虑 <div> 标签使用的特点。在通过 HTML 表单的 <input type="file"> 标记选择本地文件实现上传时，注意 <form> 中的 enctype 和 method 属性必须指明相应的值。enctype 的属性是设置表单的 MIME 编码，其值需设定为"multipart/form-data"，它的默认值"application/x-www-form-urlencoded"是不支持文件上传的。method 属性值必须为"POST"，"GET"方式，否则不能上传文件。另外，服务器端的设置涉及如下三个方面。

1．PHP 的配置文件

php.ini 对上传文件的控制，包括是否支持上传、上传文件的临时目录、上传文件的大小、指令执行的时间和指令分配的内存空间。

2．$_FILES 全局数组

表单通过 POST 方法上传的文件信息存储在 $_FILES 全局数组中，如上传文件的名称、大小、类型等。

3．函数 move_upload_file()

文件上传后，首先会存储在服务器的临时目录中，可以使用该函数将上传文件移动到新位置。如果成功则返回 true，否则返回 false。

 任务实施与测试

网站后台管理系统的首页面中使用浮动框架来规划页面布局。浮动框架的作用是把浏览器窗口划分成若干个区域，每个区域内可以显示不同的页面，并且各个页面之间不会受到任何影响，为框架内每个页面取不同的名字，作为彼此互动的依据。登录界面与相关代码如下：

```
/*代码8-1　后台登录界面*/
<html>
<head>
<title></title>
```

```html
<meta http-equiv="Content-Type" content="text/html; charset=gb2312">
<link href="../css/font.css" rel="stylesheet">
</head>
<body bgcolor="#FFFFFF" leftmargin="0" topmargin="0" marginwidth="0"
marginheight="0">
<p> </p><p> </p><p> </p><p> </p><p> </p>
<script language="javascript">
        function chkinput(form){
          if(form.name.value==""){
            alert("请输入用户名!");
            form.name.select();
            return(false);
          }
          if(form.pwd.value==""){
            alert("请输入用户密码!");
            form.pwd.select();
            return(false);
          }
          return(true);
        }
    </script>
<form name="form1" method="post" action="chkadmin.php" onSubmit="return
chkinput(this)">
    <table width="558" height="405"  background="images/di.gif" border="0"
align="center" cellpadding="0" cellspacing="0" id="__01">
      <tr>
        <td width="194" > </td>
         <td width="364" ><table border="0" align="center" cellpadding="0"
cellspacing="0">
            <tr>
              <td width="57" align="center"> </td>
              <td width="94" align="center"> </td>
              <td width="53" height="100" align="center"> </td>
            </tr>
            <tr>
              <td height="40" align="center"> </td>
              <td align="center"> </td>
              <td align="center"> </td>
            </tr>
            <tr>
              <td align="center">用户名: </td>
                <td align="center"><input type="text" name="name" size="14"
maxlength="20" class="inputcss"></td>
                <td height="40" align="center"> </td>
            </tr> <tr>
        <td align="center">密 码: </td>
```

```
    <td align="center"><input type="password" name="pwd" size="14"
maxlength="20" class="inputcss"></td>
     <td height="40" align="center"> </td> </tr>
   <tr>
     <td height="126" align="center"> </td>
      <td align="center"><input name="imageField" type="image" src="images/
newlogin_07.gif"  border="0"></td>
     <td align="center"> </td>
   </tr>
       </table></td></tr>
   <tr>
       <td height="45" align="right" > </td>
       <td align="right" > </td>
   </tr>
   </table>
 </form>
 </body>
 </html>
```

后台登录界面如图 8-1 所示。

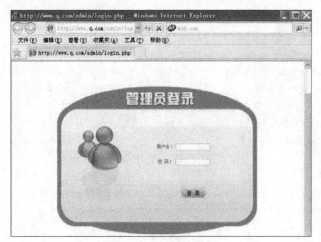

图8-1　后台登录界面

实现判断用户合法性的主要代码如下：

```
/*代码8-2  合法用户判断*/
<?php
 class chkinput{
   var $name;
   var $pwd;
     function chkinput($x,$y){
     $this->name=$x;
     $this->pwd=$y;
    }
   function checkinput(){
```

```
        include("conn.php");
          $sql=mysql_query("select * from tb_admin where name='".$this-
>name."'",$conn);
        $info=mysql_fetch_array($sql);
        if($info==false){
    echo "<script language='javascript'>alert('管理员不存在！');history.
back();</script>";
            exit;
        }
         else{
        if($info[pwd]==$this->pwd){
            header("location:default.php");
            }
             else{
                    echo "<script language='javascript'>alert('密码输入错
误！');history.back();</script>";
                exit;
            }
        }
    }
    $obj=new chkinput(trim($_POST[name]),md5(trim($_POST[pwd])));
    $obj->checkinput();
    ?>
```

任务拓展

进一步完善留言管理模块功能。

任务8.2　购物系统商品后台管理模块

任务描述

后台首页承载并显示网站后台所包含的模块，使网站管理员能够清楚其管理权限，下面介绍网站后台首页面的设计和功能实现。

知识储备

在网站后台管理系统的首页面中使用框架来规划页面布局，框架的作用是把浏览器窗口划分成若干个区域，每个区域内可以显示不同的页面，并且各个页面之间不会受到任何影响，为框架内每个页面取不同的名字，作为彼此互动的依据。在后台首页面中先使用左右浮动框

架进行页面布局。这样，可以在页面左侧设置网站的导航功能，在页面的右侧设置后台系统显示主要的信息内容。后台首页面设计的流程如下。

（1）在左侧浮动框架中调用左侧功能导航，代码如下：

```
<IFRAME frameBorder=0 id=left name=left scrolling=yes src="left.php"
style="HEIGHT:100%;VISIBILITY:inherit; WIDTH:240px; Z-INDEX:2">
</IFRAME>
```

（2）添加图片，应用 JavaScript 脚本显示和隐藏左侧浮动框架，代码如下：

```
<img id="img1" src="images/point2.gif" width="10" height="10"
onClick="showhidden()" title="关闭">
```

（3）在左侧浮动框架中调用商品添加信息页，代码如下：

```
<IFRAME frameBorder=0 id=main name=main scrolling=yes src="add.php"
style="HEIGHT:100%;VISIBILITY:inherit; WIDTH:240px; Z-INDEX:1">
</IFRAME>
```

任务实施与测试

后台首页的主要功能是列出管理模块，以便管理员对各个模块进行操作，后台首页浮动框架结构代码如下：

```
/*代码8-3  后台管理模块*/
<html><head>
<meta http-equiv="Content-Type" content="text/html; charset=gb2312">
<title>网站后台</title>
<link rel="stylesheet" type="text/css" href="css/font.css">
</head>
<body topmargin="0" leftmargin="0" bottommargin="0" class="scrollbar">
<table width="1003" align="center" cellpadding="1" cellspacing="0"
bordercolor="#CCCCCC" bgcolor="#999999">
  <tr>
    <td><table width="1003" border="0" align="center" cellpadding="0"
cellspacing="0">
      <tr>
        <td height="56" bgcolor="#FFFFFF"><div align="center">
            <IFRAME frameBorder=0 id=top name=top scrolling=no src="top.php"
      style="HEIGHT: 56px; VISIBILITY: inherit; WIDTH: 1003px; Z-INDEX: 3"> </IFRAME>
        </div></td>
      </tr>
    </table>
      <table width="1003" height="620" border="0" align="center"
cellpadding="0" cellspacing="0">
        <tr>
          <td width="212" height="220" valign="top" bgcolor="#CCCCCC" id="lt"
style="display:"><div align="center">
            <IFRAME frameBorder=0 id=left name=left src="left.php"
```

```
              style="HEIGHT: 100%; VISIBILITY: inherit; WIDTH: 212px; Z-INDEX: 2"> </IFRAME>
          </div></td>
          <td width="13" height="584" background="images/bg_line.gif"><div
align="center"></div></td>
          <td width="778" bgcolor="#FFFFFF" id="mn"><div align="center">
              <IFRAME frameBorder=0 id=main name=main scrolling=yes
src="lookdd.php"
          style="HEIGHT: 100%; VISIBILITY: inherit; WIDTH: 778px; Z-INDEX: 1">
</IFRAME>
          </div></td>
        </tr>
      </table></td>
    </tr>
  </table>
  </body>
  </html>
```

后台管理界面如图 8-2 所示。

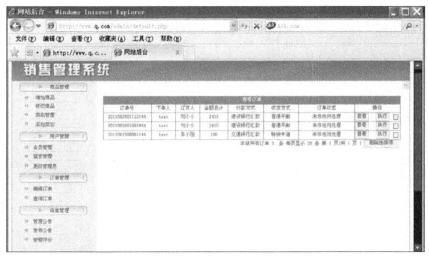

图8-2 后台管理界面

```
/*代码8-4  左侧添加模块*/
<html>
<head>
<meta http-equiv="Content-Type" content="text/html; charset=gb2312">
<title>后台管理</title>
<link rel="stylesheet" type="text/css" href="css/font.css">
</head>
<script language="javascript">
  function openspgl(){
    if(document.all.spgl.style.display=="none"){
    document.all.spgl.style.display="";
    document.all.d1.src="images/point3.gif";
```

```
        }
        else{
         document.all.spgl.style.display="none";
         document.all.d1.src="images/point1.gif";
        }
         }
         function openyhgl(){
           if(document.all.yhgl.style.display==»none»){
          document.all.yhgl.style.display=»»;
          document.all.d2.src="images/point3.gif";
        }
        else{
         document.all.yhgl.style.display="none";
         document.all.d2.src="images/point1.gif";
        }
         }
         function openddgl(){
           if(document.all.ddgl.style.display==»none»){
          document.all.ddgl.style.display=»»;
          document.all.d3.src="images/point3.gif";
        }
        else{
         document.all.ddgl.style.display="none";
         document.all.d3.src="images/point1.gif";
        }
         }
         function opengggl(){
           if(document.all.gggl.style.display==»none»){
          document.all.gggl.style.display=»»;
          document.all.d4.src="images/point3.gif";
        }
        else{
         document.all.gggl.style.display="none";
         document.all.d4.src="images/point1.gif";
        }
         }
    </script>
    <body topmargin=»0» leftmargin=»0» bottommargin=»0»>
    <table width=»212» border=»0» cellpadding=»0» cellspacing=»0»
background=»left_bg.gif»>
      <tr>
         <td height=»425» valign=»top» background=»images/left_bg.gif»><div
align=»center»>
           <table width=»212» border=»0» cellspacing=»0» cellpadding=»0»> <tr>
             <td><table width=»212» height=»20» border=»0» cellpadding=»0»
cellspacing=»0»> <tr> <td width=»212» height=»32» background=»images/
```

```
default_09.gif» onClick=»javascript:openspgl()»>
   <div align=»center»><a href=»#»><img id=»d1» border=»0»src=»images/point1.
gif» width=»10» height=»10»>   商品管理</a></div></td></tr>
    </table>
    <table width="212" border="0" cellpadding="0" cellspacing="0" id="spgl"
style="display:">
    <tr>
    <td height="20" background="images/default_10.gif">    
         <a href="addgoods.php" target="main">增加商品
</a></td> </tr>
    <tr><td height="22" background="images/default_10.gif">    
         <a href="editgoods.php" target="main">修改商
品</a></td> </tr>
    <tr> <td height="22" background="images/default_10.gif">   
          <a href="showleibie.php" target="main">类别
管理</a></td> </tr>
    <tr> <td height="26" background="images/default_10.gif">  
            <a href="addleibie.php"
target="main">添加类别</a></td> </tr>
    </table>
        <table width="212" height="20" border="0" cellpadding="0"
cellspacing="0">
        <tr>
        <td height="32" background="images/default_09.gif" onClick="javascript
:openyhgl()">
    <div align="center"><a href="#"><img id="d2" border="0"src="images/point1.
gif" width="10" height="10">   用户管理</a></div></td>
    </tr> </table>
        <table width="212" border="0" cellpadding="0" cellspacing="0" id="yhgl"
style="display:"> <tr>
        <td height="22" background="images/default_10.gif">    
         <a href="edituser.php" target="main">会员管理
</a></td> </tr>
    <tr>
        <td height="22" background="images/default_10.gif">   
          <a href="lookleaveword.php" target="main">
留言管理</a></td> </tr>
    <tr> <td height="26" background="images/default_10.gif">   
          <a href="changeadmin.php"
target="main">更改管理员</a></td> </tr>
    </table>
    <table width="212" height="20" border="0" cellpadding="0" cellspacing="0">
    <tr>
        <td height="32" align="center" background="images/default_09.gif" on
Click="javascript:openddgl()"><a href="#"><img id="d3" border="0"src="images/
point1.gif" width="10" height="10">   订单管理</a></td>
```

```
</tr></table>
        <table width="212" border="0" cellpadding="0" cellspacing="0"
id="ddgl" style="display:"> <tr>
  <td height="22" background="images/default_10.gif">   
        <a href="lookdd.php" target="main">编辑
订单</a></td></tr>
  <tr>
  <td height="26" background="images/default_10.gif">   
        <a href="finddd.php" target="main">查询
订单</a></td> </tr>
  </table>
        <table width="212" height="20" border="0" cellpadding="0"
cellspacing="0">
    <tr>
    <td height="32" background="images/default_09.gif" onClick="javascript:o
penggl()">
  <div align="center"><a href="#"><img id="d4" border="0"src="images/point1.
gif" width="10" height="10">   信息管理</a></div></td></tr>
    </table>
  <table width="212" border="0" cellpadding="0" cellspacing="0" id="gggl"
style="display:">
  <tr><td height="22" background="images/default_10.gif">   
        <a href="admingonggao.php "
target="main">管理公告</a></td> </tr>
  <tr background="images/default_10.gif">
    <td height="22" background="images/default_10.gif">   
       
  <a href="addgonggao.php " target="main">发布公告</a></td> </tr>
    <tr>
  <td height="26" background="images/default_10.gif">   
        <a href="editpinglun.php " target="main">
管理</a><a href="editpinglun.php " target="main">评价</a></td> </tr>
        <tr><td height="100" > </td></tr>
        <tr><td height="3" ></td>
        <tr><td height="100"> </td>
        </tr>
            </table>
        </td>
        </tr>
      </table>
      </div></td>
  </tr>
  </table>
  </body>
  </html>
```

任务拓展

对购物系统管理评价模块功能的实现。

任务8.3　商品信息编辑模块

 任务描述

商品信息修改页面主要以列表形式分页显示商品信息，并具有删除商品的功能。

 知识储备

在添加商品时，会遇到商品图片上传的问题，在 PHP 中实现文件上传要用到 <input type="file"> 标记选择本地文件实现上传。在这里要特别注意 enctype 和 method 属性值，一定要分别设为"multipart/form-data"和"POST"，否则无法上传文件。举例如下：

```
/*代码8-5　文件上传*/
<form action="" enctype="multipart/form-data" method="post" name="upform">
<input name="upimage" type="file"><br/>
<input type="submit" value="上传"><br/>
</form>
<?php
 if(is_uploaded_file($_FILES['upimage']['tmp_name'])){
 $name=$_FILES['upimage']["name"];
 $type=$_FILES['upimage']["type"];
 $size=$_FILES['upimage']["size"];
     $tmp_name=$_FILES['upimage']["tmp_name"];
 $error=$_FILES['upimage']["error"];
 switch($type){
     case 'image/jpeg':$ok=1;break;
     case 'image/gif':$ok=1;break;
     case 'image/png':$ok=1;break;
         default:echo"不能上传其他格式文件！"; break;
 }
 if($ok==1&&$error==0){
     move_uploaded_file($tmp_name,'uploads/'.$name);
     echo "文件上传成功！";
 }
 }
?>
```

运行效果如图 8-3 所示。

图8-3 运行效果

在上述代码中，用到了文件操作的函数，下面再介绍一下有关文件函数的其他操作。

1. 打开文件

在 PHP 中使用 fopen() 函数打开一个文件，其语法如下：

```
resource fopen(string filename, string mode[,bool use_include_
path[,resource zcontext]])
```

函数返回一个指向该文件的文件指针。参数列表含义如下。

- filename：打开文件的URL包括文件名，可以是绝对路径，也可以是相对路径。
- mode：打开文件的模式，主要有只读、只写、读写等模式。

fopen() 的文件打开模式说明如表 8-1 所示

表8-1 fopen()的文件打开模式说明

mode	fopen()的文件打开模式说明
r	只读方式打开
r+	读写方式打开
w	写入方式打开
w+	读写方式打开
a	写入方式打开，将文件指针指向文件末尾
a+	读写方式打开，将文件指针指向文件末尾
x	创建并以写入方式打开，将文件指针指向文件头
x+	创建并以读入方式打开，将文件指针指向文件头
b	以二进制模式打开文件，用于与其他模式进行连接
t	以文本模式打开文件

- use_include_path：可选参数，决定是否在php.ini中include_path指定的目录中搜索 filename文件，如果希望搜索则将其值设为1或true。
- zcontext：可选参数，fopen()函数允许文件名称以协议名称开始，例如，"http://"，并且在一个远程位置打开文件。

举例如下：

```
<?php
```

```
$ handle=fopen("./file.txt","r");//以只读方式打开同一目录下的file.txt文件
$ handle=fopen("c:/images/aa.jpg","w+");//以读写方式打开绝对路径下的文件
$ handle=fopen("../bak/file.txt","wb");//以二进制只写方式打开指定文件,并清空文件
$ handle=fopen("http://www.q.com/index.php","r");//以只读方式打开远程文件
?>
```

2. 读取文件

打开文件之后,可以进行读取和写入操作了,文件的读取主要包括:读取一个字符,读取一行字符串,读取任意长度的字符串和读取整个文件。

从文件指针的位置读取一个字符,fgetc() 函数语法格式如下:

```
string fgetc(resource handle)
```

handle:指定打开的文件,函数遇到 EOF 则返回 false。

举例如下:

```
<?php
$handle=fopen("./file.txt","r");          //打开文件
while(false!==($char=fgetc($handle))){    //读取一个字符,判断返回值是否为false
    echo $char;;                          //输出字符
  }
  fclose($handle);                        //关闭文件,释放资源
?>
```

3. 打开目录

目录作为一种特殊的文件,同样,操作它前先要打开。PHP 使用 opendir() 函数打开目录,函数声明如下:

```
Resource opendir(string path);
```

函数 opendir() 的参数 path 是一个合法的目录路径,成功执行后返回目录的指针;如果 path 不是一个合法的目录或因为权限或文件系统错误而不能打开目录,函数 opendir() 返回 false 并产生一个 E_WARNING 级别的错误信息,可以在 opendir() 前面加上 "@" 符号来抑制错误信息的输出。代码如下:

```
<?php
  $shili="E:\\website\\mr\\sl\\01";
  if(is_dir($shili))                      //检测是否是一个合法的目录
    if($shi=opendir($shili))              //打开目录
echo $shi;                                //输出目录指针
colsedir($shi);                           //关闭目录
?>
```

4. 读取目录

在 PHP 中要读取已打开目录中的数据,可以使用 readdir() 函数。函数声明如下:

```
String readdir(resource dir_handle);
```

参数 dir_handle 为使用 opendir() 函数打开一个目录返回的目录指针。该函数执行后，返回目录下一个文件的文件名，文件名以在文件系统中的顺序返回。读取结束时返回 false 值。

在下面的实例中，打开本地目录"E:\bak\try"，并列出目录下所有的文件名称，程序代码如下：

```php
<?php
$f_open="E:\bak\try";
  $i=0;
  if(is_dir($f_open)){
     if($dir=opendir($f_open)){
       while($con=readdir($dir)){
         $i++;
         Echo "$i:$con<br>";
  }}}
   closedir($dir);
?>
```

5. 建立目录

创建目录可通过 mkdir() 函数来实现，函数的语法如下：

```
Int mkdir(string pathname[,int mode]);
```

本函数建立名为 pathname 的目录，参数 mode 以八进制的方式指定（0xxx），在 Windows 下会被忽略。成功则返回 true，失败则返回 false。例如，建立一个名为 new 的目录，代码如下：

```php
<?php
if(file_exists("new"))
   echo "目录已经存在";
  else
    mkdir("new");
?>
```

 任务实施与测试

1. 商品类别添加

通过添加商品类别，可以把复杂的步骤简单化，该模块不但方便用户日常操作，而且可提高用户的工作效率。

2. 商品信息修改

商品信息修改主要以列表形式分页显示商品信息，并支持删除商品的功能。

3. 商品信息查询

主要通过查询来快速检索用户提交订单的详细信息，如订单号、订货人、金额、支付方式等。

```
/*代码8-6  商品信息添加*/
<html>
<head>
<meta http-equiv="Content-Type" content="text/html; charset=gb2312">
<title>添加商品</title>
<link rel="stylesheet" type="text/css" href="css/font.css">
<style type="text/css">
<!--
.style1 {color: #FFFFFF}
-->
</style>
</head>
<?php include("conn/conn.php");?>
<body topmargin="0" leftmargin="0" bottommargin="0">
<p> </p>
<table width="720" border="0" align="center" cellpadding="0"
cellspacing="0">
    <tr>
      <td height="20" bgcolor="#0099FF"><div align="center" class="style1">
添加商品</div></td>
    </tr>
    <tr>
      <td height="253" bgcolor="#666666"><table width="720" border="0"
cellpadding="0" cellspacing="0">
<script language="javascript">
function chkinput(form)
{
    if(form.mingcheng.value=="")
     {
       alert("请输入商品名称!");
       form.mingcheng.select();
       return(false);
     }
    if(form.huiyuanjia.value=="")
     {
       alert("请输入商品会员价!");
       form.huiyuanjia.select();
       return(false);
     }
    if(form.shichangjia.value=="")
     {
       alert("请输入商品市场价!");
       form.shichangjia.select();
       return(false);
     }
```

```
        if(form.dengji.value=="")
        {
          alert("请输入商品等级!");
          form.dengji.select();
          return(false);
        }

      if(form.pinpai.value=="")
        {
          alert("请输入商品品牌!");
          form.pinpai.select();
          return(false);
        }
    if(form.xinghao.value=="")
        {
          alert("请输入商品型号!");
          form.xinghao.select();
          return(false);
        }
      if(form.shuliang.value=="")
        {
          alert("请输入商品数量!");
          form.shuliang.select();
          return(false);
        }
      if(form.jianjie.value=="")
        {
          alert("请输入商品简介!");
          form.jianjie.select();
          return(false);
        }
      return(true);
    }

    </script>
        <form name="form1" enctype="multipart/form-data" method="post"
action="savenewgoods.php" onSubmit="return chkinput(this)">
      <tr>  <td width="129" height="25" bgcolor="#FFFFFF"><div align="center">
商品名称: </div></td>
            <td width="618" bgcolor="#FFFFFF"><div align="left"><input
type="text" name="mingcheng" size="25" class="inputcss"></div></td>
        </tr>      <tr>
          <td height="25" bgcolor="#FFFFFF"><div align="center">发布时间: </div></td>
          <td height="25" bgcolor="#FFFFFF"><div align="left">
    <select name="nian" class="inputcss">
        …………………添加每项的信息…………………
        </tr>
```

```
    </form>
      </table></td>
    </tr>
  </table>
</body>
</html>
```

添加商品如图 8-4 所示。

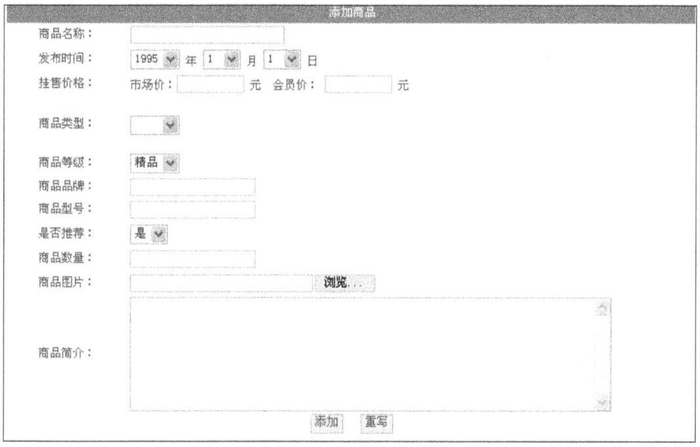

图8-4　添加商品

```
/*代码8-7　商品信息修改*/
<html>
<head>
<meta http-equiv="Content-Type" content="text/html; charset=gb2312">
<title>更改商品信息</title>
<link rel="stylesheet" type="text/css" href="css/font.css">
<style type="text/css">
<!--
.style1 {color: #FFFFFF}
-->
</style>
</head>
<?php
  include("conn/conn.php");
   $sql1=mysql_query("select * from tb_shangpin where id=".$_
GET[id]."",$conn);
   $info1=mysql_fetch_array($sql1);
?>
<body topmargin="0" leftmargin="0" bottommargin="0">
<p> </p>
<table width="750" border="0" align="center" cellpadding="0"
cellspacing="0">
    <tr>
    <td height="20" bgcolor="#0099FF"><div align="center" class="style1">
```

修改商品信息</div></td>
```
    </tr>
    <tr>
       <td height="253" bgcolor="#666666"><table width="750" border="0"
cellpadding="0" cellspacing="0">
          <script language="javascript">
             ....................

  <?php
   for($i=1995;$i<=2050;$i++)
   {
   ?>
   <option <?php if(substr($info1[addtime],0,4)==$i){echo
"selected";}?>><?php echo $i;?></option>
   <?php
   }
   ?>
   </select> 年 <select name="yue" class="inputcss">
   <?php
      for($i=1;$i<=12;$i++)
        {
   ?>
   <option <?php if(substr($info1[addtime],5,1)==$i){echo "selected";}
?>><?php echo $i;?></option>
      <?php
        }
        ?>
         </select>
         月
         <select name="ri" class="inputcss">
           <?php
        for($i=1;$i<=31;$i++)
         {
        ?>
   <option <?php if(substr($info1[addtime],7,1)==$i){echo "selected";}
?>><?php echo $i;?></option>
      <?php
        }
   ?>
   </select> 日</div></td>
      </tr>
      <tr>
         <td height="25" bgcolor="#FFFFFF"><div align="center">挂售价格:
</div></td>
            <td height="25" bgcolor="#FFFFFF"><div align="left">市场价:
                <input type="text" name="shichangjia" size="10"
```

```
class="inputcss" value="<?php echo $info1[shichangjia];?>">
                        元  会员价:
                            <input type="text" name="huiyuanjia" size="10"
class="inputcss" value="<?php echo $info1[huiyuanjia];?>"> 元</div></td>
    </tr>
                <tr>
                    <td height="25" bgcolor="#FFFFFF"><div align="center">商品类型:
</div></td>
                    <td height="25" bgcolor="#FFFFFF"><div align="left">
                        <?php
                    $sql=mysql_query("select * from tb_type order by id
desc",$conn);
                $info=mysql_fetch_array($sql);
                if($info==false)
                {
                echo "请先添加商品类型!";
                    }
                else
                {
                ?>
                        <select name="typeid" class="inputcss">
                            <?php
                do
                {
                ?>
                                <option value=<?php echo $info[id];?> <?php
if($info1[typeid]==$info[id]) {echo "selected";}?>><?php echo
$info[typename];?></option>
                            <?php
                }
                while($info=mysql_fetch_array($sql));
                ?>
                        </select>
                        <?php
                }
                ?>
                    </div></td>
                </tr>
                <tr>
                    <td height="25" bgcolor="#FFFFFF"><div align="center">商品等级:
</div></td>
                    <td height="25" bgcolor="#FFFFFF"><div align="left">
                        <select name="dengji" class="inputcss">
                            <option value="精品" <?php if(trim($info1[dengji])=="精品
"){echo "selected";}?>>精品</option>
                                <option value="一般" <?php if(trim($info1[dengji])=="一般
```

```
"){echo "selected";}?>>一般</option>
                        <option value="二手" <?php if(trim($info1[dengji])=="二手
"){echo "selected";}?>>二手</option>
                        <option value="淘汰" <?php if(trim($info1[dengji])=="淘汰
"){echo "selected";}?>>淘汰</option>
                    </select>
                </div></td>
            </tr>
            <tr>
                <td height="22" bgcolor="#FFFFFF"><div align="center">商品品牌:
</div></td>
                <td height="22" bgcolor="#FFFFFF"><div align="left">
                        <input type="text" name="pinpai" class="inputcss"
size="20" value="<?php echo $info1[pinpai];?>">
                </div></td>
            </tr>
            <tr>
                <td height="25" bgcolor="#FFFFFF"><div align="center">商品型号:
</div></td>
                <td height="25" bgcolor="#FFFFFF"><div align="left">
                        <input type="text" name="xinghao" class="inputcss"
size="20" value="<?php echo $info1[xinghao];?>">
                </div></td>
            </tr>
            <tr>
                <td height="25" bgcolor="#FFFFFF"><div align="center">是否推荐:
</div></td>
                <td height="25" bgcolor="#FFFFFF"><div align="left">
                    <select name="tuijian" class="inputcss" >
                            <option value=1 <?php if($info1[tuijian]==1) {echo
"selected";}?>>是</option>
                            <option value=0 <?php if($info1[tuijian]==0) {echo
"selected";}?>>否</option>
                    </select>
                </div></td>
            </tr>
            <tr>
                <td height="25" bgcolor="#FFFFFF"><div align="center">商品数量:
</div></td>
                <td height="25" bgcolor="#FFFFFF"><div align="left">
                        <input type="text" name="shuliang" class="inputcss"
size="20" value="<?php echo $info1[shuliang];?>">
                </div></td>
            </tr>
            <tr>
                <td height="25" bgcolor="#FFFFFF"><div align="center">商品图片:
```

```
</div></td>
                <td height="25" bgcolor="#FFFFFF"><div align="left">
            <input type="hidden" name="MAX_FILE_SIZE" value="2000000">
                    <input name="upfile" type="file" class="inputcss" id="upfile"
size="30">
                <div></td>
            </tr>
            <tr>
            <td height="80" bgcolor="#FFFFFF"><div align="center">商品简介：
</div></td>
                <td height="25" bgcolor="#FFFFFF"><div align="left">
                        <textarea name="jianjie" cols="50" rows="8"
class="inputcss"><?php echo $info1[jianjie];?></textarea>
                <div></td>
            </tr>            <tr>
                <td height="25" colspan="2" bgcolor="#FFFFFF"><div
align="center">
                <input type="submit" class="buttoncss" value="更改">
                  
                <input type="reset" value="取消" class="buttoncss">
                </div></td>
            </tr>
        </form>
    </table></td>
    </tr>
</table>
</body>
</html>
```

商品信息编辑如图 8-5 所示。

商品信息编辑									
复选	名称	品牌	型号	剩余	市场价	会员价	卖出	加入时间	操作
☐	兄弟标签打印机色带	兄弟	234252	10	155	105	0	2011-6-13	更改
☐	飞利浦CORD 280	飞利浦	122314	10	145	100	0	2011-6-12	更改
☐	办公桌-01	Adtian	adtian001	10	1200	1000	0	2011-6-1	更改
☐	办公桌02	Adtian	adtian002	10	1600	1200	0	2011-6-1	更改

删除选择　重新选择　　　　　　本站共有货物 4 件 每页显示 20 件 第 1 页/共 1 页 1

图8-5　商品信息编辑

```
/*代码8-8    商品查询*/
<html>
<head>
<meta http-equiv="Content-Type" content="text/html; charset=gb2312">
<title>订单查询</title>
<link rel="stylesheet" type="text/css" href="css/font.css">
</head>
```

```php
<?php
include("conn/conn.php");
?>
<body topmargin="0" leftmargin="0" bottommargin="0">
<p> </p>
<table width="550" border="0" align="center" cellpadding="0"
cellspacing="0">
<tr>
<td height="20" bgcolor="#0099FF"><div align="center" style="color:
#FFFFFF">订单查询</div></td>
</tr>
<tr>
<td height="50" bgcolor="#555555"><table width="550" height="50"
border="0" align="center" cellpadding="0" cellspacing="1">
<tr>
<td bgcolor="#FFFFFF">
<table width="550" height="50" border="0" align="center" cellpadding="0"
cellspacing="0">
<script language="javascript">
function chkinput3(form)
{
if((form.username.value=="")&&(form.ddh.value==""))
{
alert("请输入下订单人或订单号");
form.username.select();
return(false);
}
return(true);

}
</script>
<form name="form3" method="post" action="finddd.php" onSubmit="return
chkinput3( this)">
<tr>
<td height="25"><div align="center">下订单人姓名:<input type="text"
name="username" class="inputcss" size="25" >
订单号:<input type="text" name="ddh" size="25" class="inputcss" ></div></td>
</tr>
<tr>
<td height="25">
<div align="center">
<input type="hidden" value="show_find" name="show_find">
<input name="button" type="submit" class="buttoncss" id="button" value="查 找">
</div></td>
</tr>
</form>
```

```
    </table></td>
    </tr>
    </table></td>
    </tr>
    </table>
    <table width="550" height="20" border="0" align="center" cellpadding="0"
cellspacing="0">
    <tr>
    <td> </td>
    </tr>
    </table>
    <?php
    if($_POST[show_find]!=""){
    $username=trim($_POST[username]);
    $ddh=trim($_POST[ddh]);
    if($username==""){
    $sql=mysql_query("select * from tb_dingdan where
dingdanhao='".$ddh."'",$conn);
    }
    elseif($ddh==""){
    $sql=mysql_query("select * from tb_dingdan where xiadanren='".$username."'",$conn);
    }
    else{
    $sql=mysql_query("select * from tb_dingdan where
xiadanren='".$username."'and dingdanhao='".$ddh."'",$conn);
    }
    $info=mysql_fetch_array($sql);
    if($info==false){
    echo "<div algin='center'>对不起,没有查找到该订单!</div>";
    }
    else{
    ?>
    <table width="550" border="0" align="center" cellpadding="0"
cellspacing="0">
    <tr>
    <td height="20" bgcolor="#0099FF"><div align="center" style="color:
#FFFFFF">查询结果</div></td>
    </tr>
    <tr>
    <td height="50" bgcolor="#555555"><table width="550" height="50"
border="0" align="center" cellpadding="0" cellspacing="1">
    <tr>
    <td width="77" height="25" bgcolor="#FFFFFF"><div align="center">订单号</
div></td>
    <td width="77" bgcolor="#FFFFFF"><div align="center">下单用户</div></td>
    <td width="77" bgcolor="#FFFFFF"><div align="center">订货人</div></td>
```

```
    <td width="77" bgcolor="#FFFFFF"><div align="center">金额总计</div></td>
    <td width="77" bgcolor="#FFFFFF"><div align="center">付款方式</div></td>
    <td width="77" bgcolor="#FFFFFF"><div align="center">收款方式</div></td>
    <td width="77" bgcolor="#FFFFFF"><div align="center">订单状态</div></td>
    </tr>
    <?php
    do{
    ?>
    <tr>
    <td height="25" bgcolor="#FFFFFF"><div align="center"><?php echo
$info[dingdanhao];?></div></td>
    <td height="25" bgcolor="#FFFFFF"><div align="center"><?php echo
$info[xiadanren];?></div></td>
    <td height="25" bgcolor="#FFFFFF"><div align="center"><?php echo
$info[shouhuoren];?></div></td>
    <td height="25" bgcolor="#FFFFFF"><div align="center"><?php echo
$info[total];?></div></td>
    <td height="25" bgcolor="#FFFFFF"><div align="center"><?php echo
$info[zfff];?></div></td>
    <td height="25" bgcolor="#FFFFFF"><div align="center"><?php echo
$info[shff];?></div></td>
    <td height="25" bgcolor="#FFFFFF"><div align="center"><?php echo
$info[zt];?></div></td>
    </tr>
    <?php
    }while($info=mysql_fetch_array($sql));
    ?>
    </table></td>
    </tr>
    </table>
    <?php
    }
    }
    ?>
    </body>
    </html>
```

订单查询如图 8-6 所示。

图8-6　订单查询

任务拓展

完善购物系统更改管理员模块。

项目重现

完成 BBS 论坛的后台登录界面模块、论坛后台管理功能、论坛相关信息编辑功能。

1. 项目目标

完成本项目后，读者能够：
- 实现BBS后台登录界面模块。
- 实现BBS后台信息管理功能。
- 实现BBS 管理、用户、用户信息等编辑功能。

2. 知识目标

完成本项目后，读者应该掌握：
- 创建验证合法性的函数。
- PHP上传文件函数的应用。

3. 项目介绍

对 BBS 论坛后台的一系列管理功能的实现。首先，是后台登录的验证；其次，是论坛管理员、用户、用户信息的增、删、改、查等功能的实现。

4. 项目内容

（1）后台管理员合法登录模块

创建函数 chkinput()，来进行论坛管理员登录的验证。如果是合法身份，则可进入论坛，如果非本论坛管理员，则不准进入。

（2）论坛编辑功能

完成会员或论坛信息的增、删、改、查功能，在此期间，还要完成文件的上传工作，如会员的图片、文件信息等资料的上传。在 PHP 中实现文件上传要用到 <input type="file"> 标记选择本地文件实现上传。在这里要特别注意 enctype 和 method 属性值，一定要分别设为"multipart/form-data"和"POST"，否则无法上传文件。

面向对象在网上购物系统中的应用

 **学习目标**

面向对象（OOP）的编程方式是 PHP 的突出特点之一，也是如今开发模式的主流。采用这种编程方式可以对很多零散代码进行有效组织，可以使 PHP 具备大型 Web 项目开发的能力。采用面向对象编程方式还可以提高网站的易维护性和易读性。通过对本项目的学习，可以掌握 PHP 中的面向对象的编程方式和特点，类的定义及实例化、抽象类的实现、接口的使用等。

 知识目标

- 了解什么是类
- 掌握面向对象的概念

- 掌握面向对象的特点

 技能目标

- 学会类的实例化
- 学会抽象类的实现

- 学会接口的使用

项目背景

PHP 实现结构化编程的重要要素是函数，如果项目较大或者程序的变量较多时，就不利于开发人员开发和维护，因为函数与变量是分离的。而面向对象的编程方式具有独立性、灵活性和可重用性等特点，适合大型项目的开发，为开发程序的方法带来了很大改变，使编程的注意力从应用程序的逻辑转到其数据上来，这样易于编程人员对程序的模块化开发及日后对程序的维护和修改。

任务实施

应用面向对象的编程方式实现某项功能，可以有效地组织零散的代码，并且可以为日后程序的维护工作带来方便。PHP 中对数据变量初始化主要有两种方法，第一种方法是在类中指定的方法中为数据成员赋初值，从而达到数据成员初始化的目的；第二种方法是利用构造函数对数据成员初始化。

任务9.1　类成员的初始化应用于用户登录模块

 任务描述

面向对象的编程过程中，利用构造函数对类中的数据成员初始化。这样做使构造函数可以接收参数，能够在创建对象时为指定对象赋初值，构造函数还可以调用类中的方法。

 知识储备

类是对事物高度概括、归纳出来的抽象概念。事物都具有其自身的属性和方法，通过这些属性和方法可以将不同物质区分开来。例如，"人"就是一个类。人具有姓名、性别、身高、体重等特征，人还可以进行一些能动性的活动，如学习、吃饭、走路等，这些活动可以说是人具有的功能。我们把人的姓名、性别、身高等特征称为"属性"，把人会有的各种各样的行为和动作，如吃饭、学习、走路等称为"方法"。那么，定义了各种属性和方法的"人"就是一个"类"。

类是属性和方法的集合，是面向对象编程的基础和核心，通过类可以将零散的用于实现某项功能的代码进行有效管理。

类的定义完成后并不能直接使用，还需要对类进行实例化，即声明对象。对象是类的实例。比如，将人的姓名、性别、身高等特征细化、给出具体的数值，并描述出这个人吃饭、说话的样子，那么一个活生生"人"的实例就展现在我们面前了，这个实例就是"对象"。

1. 类的声明

在 PHP 中，使用关键字 class 加类名的方式定义类，然后用花括号包裹类体，在类体中定义类的属性和方法。

```php
/*代码9-1　类的定义*/
<?php
 Class Myclass{
     Public $name;              //定义属性
     Public function acti()     //定义方法
     {
     ...
     }
 }
?>
```

Myclass 为类的名称，两个花括号中间的部分就是类的全部内容。使用关键字 name 声明类属性。在 PHP 5 以后的版本中，引入了 private、protected 和 public 关键字，分别用来定义私有、保护和公有成员，这可使程序更加安全。

2．实例化类

对类定义完成后并不能直接使用，还需要对类进行实例化，即声明对象。PHP 中使用关键字 new 来声明一个对象。格式如下：

```
对象名=new 类名（var0,var1, …,varn）
```

例如，定义学生类（Student 类），在类体中定义的成员变量 $name 和 $age 分别用来表示学生姓名和年龄；_construct() 为类的构造方法，用于为类的成员变量初始化；最后定义方法 getNameAndAge() 来输出学生信息，代码如下：

```php
/*代码9-2  类的实例化*/
<?php
 Class Student
{
    Private $name;
    Private $age;
    Public function _construct($name,$age)
    {
      $this —>name=$name;
      $this—>age=$age;
    }
  Public function getNameAndAge()
    {
      return"学生".$this—>name."今年".$this—>age."周岁";
    }
}
$student = new Student("小明", 15);
echo $student—>getNameAnd Age();
?>
```

运行上述代码，结果如下：

```
学生小明今年15周岁。
```

3．对象的使用

对类定义之后，需要将其进行实例化后才能使用。因为类只是具备某项功能的抽象模型，对象是类进行实例化后的产物，是一个实体。举例如下。

```php
/*代码9-3  对象的应用*/
<?php
Class car
{
    Public $carNo;                          //定义属性
    Public function __construct($carNo)         //定义构造方法
    {
        $this->carNo=$carNo;
    }
    Public function getcarNo()       //定义getcarNo()方法获取车牌号
    {
```

```
            return $this->carNo;
        }
}
$car=new car("粤A0009");              //对类进行实例化
echo $car->carNo;                    //通过属性输出车牌号
echo "<br>";
echo $car->getcarNo();               //通过getcarNo()方法输出车牌号
?>
```

运行上述代码，输出如下内容：

```
粤A0009
粤A0009
```

4. 成员变量

类中所定义的变量称为成员变量（也称属性或字段）。成员变量用来保存信息数据，或与成员方法进行交互实现某项功能。定义成员变量的格式一般为：

```
变量声明符号  成员变量
```

注：变量声明符可以使用 public、private、protected、static 和 final 中的任意一个。

类中声明的函数称为成员方法。成员变量（属性）让对象存储数据，成员方法则可以让对象执行任务。成员方法的声明和函数一样，使用 function 关键字来定义，成员方法前也需要使用 public、protected 或 private 修饰符修饰，以此来控制成员方法的权限。例如，代码 9-4 创建一个图书类，并声明其成员属性和方法。

```
/*代码9-4   成员变量*/
<?php
    Class book{
        Public $bookname;
        Public $bookid;
        Public $bookauthor;
    Public function_construct($bookname,$bookid,$bookauthor)
            $this->bookname=$bookname;
            $this->bookid=$bookid;
            $this->bookauthor=$bookauthor;
    }
    Public function getclass()
    {
            return  "书名：".$this->bookname."书号：".$this->bookid."作
者:"$bookauthor ;
    }
?>
```

5. 类的继承性

继承性就是派生类（子类）自动继承一个或多个基类（父类）中的属性与方法，并可以重写或添加新的属性或方法。继承这个特性简化了对象和类的创建，增加了代码的可重用性，体现了类与类之间的一种关系。子类从父类继承了所有的属性和方法（私有属性和方法不能被继承），在子类中也可添加自己的属性和方法，从而扩充子类的功能，子类继承父类的属性和方法不能被注销，也不能减少，但可用新的值来覆盖它们。在 PHP 中使用 extends 关键字继承一个父类，其语法格式如下：

```
Class 子类名称 extends 父类名称{
                //子类成员属性列表
                //子类成员方法列表
}
/*代码9-5  类的继承*/
<?php
    Class Book{
    public $name='computer';              //声明公有成员变量$name
    public functioin setName($name)       //设置公有变量方法
    {
        $this->name=$name;
    }
    public function getName()      //读取公有变量方法
    {
        return $this->name;
    }
}
Class Sbook extends book{                  //book类的子类
}
  $sbook=new sbook();                      //实例化对象
  $sbook->setName("php 动态网站设计");
  Echo $sbook->getName();
?>
```

运行上述代码，结果如下：

php 动态网站设计

从运行结果可以判断，子类可以继承父类的公有成员，在类体外也可以通过对象访问类中的公有成员。

 任务实施与测试

在 PHP 中使用构造函数 _construct() 的定义方法，对类中的数据成员初始化。本任务中，在密码验证表单中，如果输入正确的用户名和密码则提示登录成功。此实例将通过面向对象的方式实现用户身份的验证。

（1）通过 JavaScript 实现判断。

（2）通过密码验证类对用户输入对用户名和密码进行验证。

```
/*代码9-6  判断用户信息*/
<script language="javascript">
 function ckiput(form)
```

```
    {
    if(form.name.value=="")
    {
        alert("请输入用户！");
        form.name.select();
        return(false);
    }
    if(form.pwd.value=="")
    {
        alert("请输入用户密码！");
        form.pwd.select();
        return(false);
    }
</script>
/*代码9-7  用户登录模块*/
<?php
 if($_POST[submit]!="")
    {
    class chkinput
    {
    private $name;
    private $pwd;
    function _construct($x,$y)
    {
        $this->name=$x;
        $this->pwd=$y;
    }
    function checkinput()
    {
        if($this->name=="mr" && $this->pwd=="mrsoft")
        {
        echo "<br><div align=center>恭喜你，登录成功！</div>";
        }
        else
    {
        echo "<br><div align=center>对不起，密码输入错误！</div>";
    }
    }
    }
    }
    $obj=new chkinput($name=$_POST[name],$pwd=$_POST[pwd]);
    $obj->checkinput();
?>
```

任务拓展

完善类在购物系统中"商品数据查询"应用的模块功能。

任务9.2　类的封装在数据查询中的应用

 任务描述

为了提高站点的安全性，避免因网页运行速度慢而造成数据的重复提交。本任务通过 JavaScript 脚本和面向对象的知识来开发。创建 TestCode.php 页面，在页面中创建一个类，在这个类中应用 GD2 函数生成验证码的数字图像。

 知识储备

1．封装性

封装性也可称为信息隐藏，就是将一个类的使用和实现分开，只保留有限个接口（方法）与外部联系。对于该类的开发人员，只知道这个类如何使用，而不用去关心这个类是如何实现的。类的封装是通过关键字 public、private、protected、static 和 final 实现的。下面举例说明公共成员的继承和调用。

```php
/*代码9-8  类的封装性*/
<?php
  Class father{
      Public $a="公共变量<br>";
      Public function a(){
          echo "这是一个公共方法。<br>";
        }
      }
  Class son extends father{
  }
$father=new father();
$son =new son();
echo $father->a;
echo $father->a();
echo $son->a;
echo $son->a();
?>
```

2．接口

继承特性简化了对象、类的创建，增加了代码的可重用性。但 PHP 只支持单继承，如果想实现多重继承，就要使用接口。PHP 可以实现多个接口。

接口类通过 interface 关键字来声明，并且类中只包含未实现的方法和一些成员变量。格式如下：

```
Interface interfaceName{
        function interfaceName1();
        function interfaceName2();
        ...
}
```

接口也不能进行实例化操作，如果要使用接口中的成员，就必须借助子类来实现。接口的继承通过 implements 关键字来实现，如果要实现多接口的继承，在接口之间必须使用逗号"，"分隔，接口的引用主要分为如下 4 种情况。

（1）普通类引用接口

```
class son implements inter1, inter2,inter3{
...
}
```

（2）抽象类引用接口

```
Abstract class son implements inter1, inter2, inter3{
...
}
```

（3）继承父类引用接口

```
Class son extends father implements inter1,inter2,inter3{
...
}
```

（4）接口与接口继承

```
Interfaeinter1 extends inter2{
...
}
```

代码 9-9 声明两个接口 inter1 和 inter2，在子类 son 中实现这两个接口。

```
/*代码9-9  接口的实现*/
<?php
  interface inter1{
     function fu1();
}
  interface inter2{
     function fu2();
}
Class son implements inter1,inter2{
  function fu1(){
    echo "在子类中重写接口inter1中的方法fu1()";
  }
  function fu2(){
    echo "在子类中重写接口inter2中的方法fu2()";
  }
```

```
}
$son =new son();
$son->fu1();
echo ".<br>";
$son->fu2();
?>
```

 ## 任务实施与测试

连接数据库的目的是操作数据库,操作数据库无外乎增加、删除、修改、查询这几项内容,用户可以把操作数据库的相关内容同样封装到类中,在本例中为用户封装了一个数据库操作类,通过面向对象的方式封装一个数据库操作类,完成对数据的增加、删除、修改、查找操作。

(1)封装 AdminDB 类,定义 executeSQL() 方法,在该方法中通过 substr() 函数截取 SQL 语句中的前 6 个字节,通过这 6 个字节判断 SQL 语句的类型,通过 mysql_query() 函数执行 SQL 语句。

(2)实例化数据库连接类和数据库操作类,返回数据的结果。

```
/*代码9-10  数据库操作类查询数据*/
<?php
class AdminDB{
    function executeSQL($sql,$connID){
        $sqlType=strtolower(substr(trim($sql),0,6));
        $rs=mysql_query($sql,$connID);
        if($sqlType=='select'){
            $arrayData=mysql_fetch_array($rs);
            if(count($arrayData)==0||$rs==false){
                return false;
            }else{
                return $arrayData;
            }
        }elseif($sqlType=='insert'||$sqlType=='updata'||$sqlType=='delete'){
            return $rs;
        }else{
            return false;
        }
    }
}
?>
/*代码9-11  数据库操作类实例化*/
<?php
$connobj=new ConnDB("localhost","root","conn","utf8","db_database20");
$conn=$connobj->connect();
$admindb=new AdminDB();
$res=$admindb->exectuteSQL("select * from tb_demo01",$conn);
if($res){
```

```
    print_r($res);
}
?>
```

任务拓展

进一步完成类的多态性在商品管理中的应用模块。

任务9.3　抽象类在商品信息查询中的应用

任务描述

把一个类抽象化后，可以指明类的一般行为，这个类应该是一个模板，它指示它的子方法必须要实现的一些行为。我们把某一商品抽象为类，该类含有抽象方法，为该类生成不同的子类，为了统一规范，不同子类的方法要有一个相同的方法名，例如，商品 service。不同的商品都有商品名、价格、数量等。本任务将这种抽象类的方式应用到查看用户购买的商品信息模块中。

知识储备

抽象类是一种不能被实例化的类，只能作为其他类的父类来使用。抽象类使用 abstract 关键字来声明。格式如下：

```
Abstract class AbstractName{
...
}
```

抽象类和普通类相似，都包含成员变量和成员方法。两者的区别在于：抽象类至少要包含一个抽象方法，抽象方法没有方法体，其功能的实现只能在子类中完成。抽象方法也是使用 abstract 关键字来修饰的。格式如下：

```
Abstract function abstractName();
```

定义一个抽象类，抽象类中可以有非抽象方法和属性。

```
/*代码9-12　抽象类（1）*/
abstract  class抽象类名称{
    Public $a;                    //成员属性
  abstract function f1();         //抽象方法
  abstract function f2();         //抽象方法
  function f3(){                  //非抽象方法
  }
}
```

在面向对象的概念中，所有对象都是通过类来描述的，而反过来却不是这样的。如果一个类中没有足够的信息来描绘一个具体的对象，这样的类就是抽象类。

面向对象程序设计的一个核心原则就是只对扩展开放，对修改关闭。为了实现这一原则，抽象类在其中扮演了重要的角色。现在我们之所以设计抽象类和抽象方法，是为了将抽象方法作为子类重载的模板来使用，定义抽象类实际就是定义了一种规范，要求子类必须去遵守。

```php
/*代码9-13  抽象类（2）*/
<?php
  abstract  class father{            //定义抽象父类
    public $a;
    abstract function  f1();         //抽象方法
    abstract function  f2();         //抽象方法
    function  `f3() {
      }
  }
 Class son extends father{           //继承子类
    public function f1();{           //重写父类抽象方法f1()
      }
    public function f2();{           //重写父类抽象方法f2()
      }
}
 $son= new son();
?>
```

 任务实施与测试

实现一个商品抽象类 MyObject，该抽象类包含一个抽象方法 service()。为抽象类生成两个子类 MyBook 和 MyComputer，分别在两个子类中实现抽象方法。最后实例化两个对象，调用实现后的抽象方法。

```php
/*代码9-14  商品抽象类的应用*/
<?php
abstract class MyObject{
    abstract function service($getName,$price,$num);
}
class MyBook extends MyObject{
    function service($getName,$price,$num){
        echo '您购买的商品是'.$getName.',该商品的价格是:'.$price.'元。';
        echo '您购买的数量为: '.$num.'本。';
        echo '如发现缺页、损坏请在3日内更换。';
        }
}
class MyComputer extends MyObject{
    function service($getName,$price,$num){
        echo '您购买的商品是'.$getName.',该商品的价格是:'.$price.'元。';
```

```
        echo '您购买的数量为：'.$num.'本。';
        echo '如发现缺页、损坏请在3日内更换。';
        }
}
$book=new MyBook();
$computer=new MyComputer();
$book->service('《PHP程序开发》',95,3);
echo '<p>';
$computer->service('笔记本',9000,1);
?>
```

 任务拓展

进一步完善抽象类在商品信息中编辑的模块功能。

 项目重现

用类的方式来完成BBS论坛相关模块

1．项目目标

完成本项目后，读者能够：
- 学会用类的成员初始化方式来完成会员登录模块。
- 学会用类的封装性来完成用户信息查询功能。

2．知识目标

完成本项目后，读者应该掌握类在开发网站中的应用。

3．项目介绍

对 BBS 论坛的用户登录模块采用类的方式来实现，在具体实施中使用类的数据成员初始化来完成模块功能。在论坛相关信息的编辑中采用类的封装及抽象类的方式完成。

4．项目内容

（1）论坛用户登录模块

首先类要用关键字 class 来定义，另外，成员方法前需要使用 public、protected 或 private 修饰符修饰，以此来控制成员方法的权限。

（2）论坛信息编辑功能

以面向对象的方式封装一个数据库操作类，完成对论坛信息数据的增加、删除、修改、查找操作。

Smarty模板技术在网上购物
系统中的应用

 学习目标

本项目将基于 Smarty 技术来实现商品展示模块的开发，以达到读者能够熟练掌握 Smarty 技术的学习目的。

 知识目标

- Smarty程序设计
- Smarty安装配置
- Smarty的模板设计

- Smarty缓存
- ThinkPHP技术

技能目标

- 能熟练掌握Smarty程序设计的方法
- 能利用Smarty技术实现商品展示模块

- 能利用ThinkPHP技术实现商品展示模块

项目背景

前面几个任务的介绍，主要是利用 PHP 代码和 HTML 代码混合编写模式来实现网上购物系统。但在许多公司里规划设计者的角色和程序设计者是分开的，也就是说 PHP 代码和 HTML 代码是由不同的角色编写的。那么如何让它们分开，如何使 PHP 脚本从设计中独立出来呢？此时有一个很好的模板支持就显得很重要了。综观现今存在的许多 PHP 模板解决方案，最受欢迎的要属 Smarty 模板解决方案。

本任务将实现基于 Smarty 技术的商品展示模块的开发。

任务实施

为了完成基于 Smarty 技术的商品展示模块的开发，分离 PHP 代码和 HTML 代码，需要将程序分成两个页面，Smarty 程序页面和 Smarty 模板页面。Smarty 程序页面负责从数据库中提取和处理商品信息；Smarty 模板页面则组合使用 HTML 标记和模板标记来控制商品信息的显示。这样做的优点是，程序员改变程序的逻辑不会影响到页面显示，同样，改变页面的显示风格也不会影响到程序的逻辑。

任务10.1 Smarty概述及安装配置

任务描述

要想利用 Smarty 技术实现商品展示模块，我们必须了解什么是 Smarty 模板，Smarty 模板有哪些优点，以及 Smarty 模板应该怎么安装和配置。

知识储备

1. 什么是 Smarty 模板

Smarty 是一个使用 PHP 写出来的模板引擎，是目前业界著名的 PHP 模板引擎之一。它分离了逻辑代码和外在的内容，提供了一种易于管理和使用的方法，用于原本与 HTML 代码混杂在一起的 PHP 代码的逻辑分离。简单地讲，其目的就是要使 PHP 程序员同前端人员分离，使程序员改变程序的逻辑内容不会影响到前端人员的页面设计，前端人员重新修改页面不会影响到程序的程序逻辑，这在多人合作的项目中显得尤为重要。

例如，在一个公司，一个应用程序的开发流程如下：在提交计划文档之后，页面设计者（美工）制作了网站的外观模型，然后把它交给后台程序员；程序员使用 PHP 实现商业逻辑，同时使用外观模型做成基本架构；之后工程被返回到 HTML 页面设计者继续完善。就这样工程可能在后台程序员和页面设计者之间来来回回好几次。后台程序员不喜欢干预任何有关 HTML 标签，同时也不需要美工和 PHP 代码混在一起；美工设计者只需要配置文件、动态区块和其他界面部分，无须去接触那些错综复杂的 PHP 代码。因此，此时有一个很好的模板支持就显得十分重要。

2. Smarty 模板优点

（1）速度快：相对于其他模板引擎技术而言，采用 Smarty 编写的程序可以获得最大的速度提高。

（2）编译型：采用 Smarty 编写的程序在运行时要编译成一个非模板技术的 PHP 文件，这个文件采用了 PHP 与 HTML 混合的方式，在下一次访问模板时将 Web 请求直接转换到这个文件中，而不再进行模板重新编译。

（3）缓存技术：当页面被调用时，如果服务器端的模板文件没有作任何更改，那么 Smarty 会自动调用缓存的文件而不会再次编译该文件，这样节约了时间，提高了执行效率。

（4）插件技术：Smarty 属于开源软件，可以修改源文件。Smarty 可以自定义插件。

3. Smarty 的安装配置

（1）Smarty 的安装

① 首先打开网页 http://smarty.PHP.net/download.PHP，下载最新版本的 Smarty。本书下载的最新版本为 Smarty 2.6.28，该版本支持 PHP4 和 PHP5。

②将下载后的文件解压，目录中有很多文件，这里只需要使用 libs 文件夹中的文件。将 libs 文件夹复制到站点目录中即可使用。这里的目录为"shop\smarty"。

（2）Smarty 的配置

安装好 Smarty 后，还不能使用它，必须要进一步配置。libs 文件夹中 Smarty.class.php 文件是 Smarty 类文件。需要创建一个配置文件，来覆盖 Smarty 类的默认成员属性，并命名为 main.php，保存在"smarty"目录下，以后哪个脚本需要使用 Smarty，只要把 main.php 包含进来即可。Smarty 模板引擎的配置步骤如下。

① 确定 Smarty 类库的存储位置，包含 Smarty.class.php 文件，然后进行实例化，只有实例化 Smarty 对象之后才能调用类里面的属性和方法，代码如下：

```
include("smarty/libs/Smarty.class.php");     //包含Smarty类文件
$tpl = new Smarty();                          //建立Smarty实例对象$tpl
```

② 由于在使用 Smarty 的过程中，Smarty 会生成编译的模板文件及其他配置文件、缓存文件，因此需要创建相关的目录。这里在"shop\smarty"目录下，另外创建了 tpls 目录，并在 tpls 目录下创建"templates"、"templates_c、configs"、"cache"目录。为什么需要创建这些目录呢？打开 Smarty.class.php 文件，可以看到 Smarty 类定义了部分的成员属性。

- $template_dir：设定所有模板文件都需要放置的目录地址。默认情况下，目录是"./templates"，也就是在PHP执行程序同一个目录下寻找该模板目录。
- $compile_dir：设定Smarty编译过的所有模板文件的存放目录地址。默认目录是"./templates_c"，也就是在PHP执行程序同一个目录下寻找该编译目录。
- $config_dir：设定用于存放模板特殊配置文件的目录，默认目录是"./configs"，也就是在PHP执行程序同一个目录下寻找该配置目录。
- $cache_dir：在启动缓存特性的情况下，这个属性所指定的目录中放置Smarty缓存的所有模板。默认目录是"./cache"，也就是在PHP执行程序同一个目录下寻找该缓存目录。

目录创建好后，需要设置 Smarty 对象中的 $template_dir、$compile_dir、$config_dir、$cache_dir 属性，指明模板文件夹、编译文件夹、模板特殊配置文件夹和缓存文件夹的位置，代码如下：

```
define('SMARTY_ROOT', 'smarty/tpls');                //设置文件路径
$tpl->template_dir = SMARTY_ROOT."/templates/";      //设置模板目录的位置
$tpl->compile_dir = SMARTY_ROOT."/templates_c/";     //设置编译目录的位置
$tpl->config_dir = SMARTY_ROOT."/configs/";          //设置存放模板特殊配置文件目录的位置
$tpl->cache_dir = SMARTY_ROOT."/cache/";             //设置缓存目录的位置
```

③ $caching 用来设置是否开启缓存功能。其值为 1 或 true 表示启动缓存功能，值为 0 或 false 表示关闭缓存。建议在项目开发过程中关闭缓存，将值设置为 0。默认值设为 0 或 false。代码如下：

```
$tpl->caching=0;                              //关闭缓存
```

④ $cache_lifetime 用来设置缓存有效期。该变量用于定义模板缓存的有效时间长度，单位为秒。代码如下：

```
$tpl->cache_lifetime=60*60*24;        //处理缓存周期时间
```

⑤ 配置 Smarty 时还需要定义在缓存模板文件中编写 Smarty 代码左右边界符，通过设置 $left_delimiter 和 $right_delimiter 属性可以设置左右边界符。边界符通常使用 # #、^ ^、或 { }，也可以组合使用。代码如下：

```
$tpl->left_delimiter = '<{';          //定义左边界符
$tpl->right_delimiter = '}>';         //定义右边界符
```

main.php 配置文件代码 10-1 如下：

```
/*代码10-1   配置文件代码*/
<?php
    include("smarty/libs/Smarty.class.php");              //包含Smarty类文件
    $tpl = new Smarty();
    //建立Smarty实例对象$tpl,只有实例化之后才能调用类里面的属性和方法
    define('SMARTY_ROOT', 'smarty/tpls');                 //设置文件路径
    $tpl->template_dir = SMARTY_ROOT."/templates/";       //设置模板目录的位置
    $tpl->compile_dir = SMARTY_ROOT."/templates_c/";      //设置编译目录的位置
    $tpl->config_dir = SMARTY_ROOT."/configs/";
    //设置存放模板特殊配置文件目录的位置
    $tpl->cache_dir = SMARTY_ROOT."/cache/";              //设置缓存目录的位置
    $tpl->caching=0;                                      //关闭缓存
    $tpl->cache_lifetime=60*60*24;                        //处理缓存周期时间
    $tpl->left_delimiter = '<{';                          //定义左边界符
    $tpl->right_delimiter = '}>';                         //定义右边界符
?>
```

（3）Smarty 的简单使用

完成安装和配置之后，应用 Smarty 模板开发一个简单的实例。在页面上输出"一个简单的 Smarty 模板实例"，如图 10-1 所示。

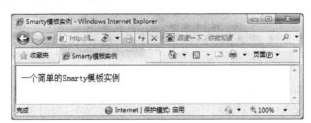

图10-1　Smarty模板实例界面

① 建立一个应用程序文件。建立一个名为 smarty.php 的文件，存放在网站根目录下。在此代码中主要用到 Smarty 中的两个函数 assign() 和 display()。assign() 可以理解成为变量赋值，向模板文件中的变量传递数据；display() 主要用来将网页输出，显示指定模板页。更多 Smarty 函数后面将进行详细介绍。代码 10-2 如下：

```
/*代码10-2   smarty实例应用程序文件代码*/
<?php
    include"smarty/main.php";
```

```
    $tpl->assign('title',Smarty模板实例);
    $tpl->assign('content',一个简单的Smarty模板实例);
    $tpl->display(smarty.html');        //smarty.html为模板文件
?>
```

② 建立一个模板文件。建立一个名为 smarty.html 的文件,同时将其保存在"shop\smarty\tpls\templates"模板文件目录下。在这个 html 文件中设定了 title 和 content 两个 smarty 变量,这两个变量是获取 Smarty 应用程序文件传递过来的数据,并显示在网页上。代码 10-3 如下:

```
/*代码10-3   smarty实例模板文件代码*/
<html>
<head>
    <meta http-equiv="Content-Type" content="text/html; charset=gb2312" />
    <title><{$title}></title>
</head>
<body>
    <{ $content }>
</body>
</html>
```

注意

编写的 Smarty 代码需要放在边界符 <{   }>之间,模板中显示传递过来的模板变量需要添加 $ 符号。

③ 运行显示。运行 smarty.php 程序文件,模板变量 title 和 content 就会显示出来(见图 10-1)。程序运行后,在 templates_c 文件夹中就会生成一个编译文件。

 任务实施与测试

为了实现基于 Smarty 技术的商品展示模块,同样需要进行 Smarty 的安装与配置。其方法与前面介绍的基本一致,唯一区别在于商品展示页面是网站中用户访问频率较高的页面,并且内容不需要经常实时更新,所以可开启缓存机制。在"smarty"目录下建立 smarty_config.php 页面,Smarty 配置代码 10-4 如下:

```
/*代码10-4   商品展示smarty配置代码*/
<?php
    include("smarty/libs/Smarty.class.php");                 //包含Smarty类文件
    $tpl = new Smarty();
    //建立Smarty实例对象$tpl,只有实例化之后才能调用类里面的属性和方法
    define('SMARTY_ROOT', 'smarty/tpls');                    //设置文件路径
    $tpl->template_dir = SMARTY_ROOT."/templates/";          //设置模板目录的位置
    $tpl->compile_dir = SMARTY_ROOT."/templates_c/";         //设置编译目录的位置
    $tpl->config_dir = SMARTY_ROOT."/configs/";
    //设置存放模板特殊配置文件目录的位置
    $tpl->cache_dir = SMARTY_ROOT."/cache/";                 //设置缓存目录的位置
```

```
    $tpl->caching=1;                              //关闭缓存
    $tpl->cache_lifetime=60*60*24;                //处理缓存周期时间
    $tpl->left_delimiter = '<{';                  //定义左边界符
    $tpl->right_delimiter = '}>';                 //定义右边界符
?>
```

任务10.2　Smarty程序设计

 任务描述

应用 Smarty 模板开发程序包含 Smarty 模板设计和 Smarty 程序设计两部分，本任务将介绍 Smarty 的程序设计内容，包含 Smarty 常用变量和方法。

 知识储备

1．Smarty 程序设计常用变量

任务 10.1 已经对 Smarty 程序设计常用变量作了详细的介绍，在此作一个总结，如表10-1 所示。

表10-1　Smarty 程序设计常用变量

变 量 名	描 述
模板目录变量（$template_dir）	用来存放Smarty模板文件，模板文件的扩展名通常为.html或.tpl。该变量用于定义默认模板目录的位置。默认目录是"./templates"
编译目录变量（$compile_dir）	是模板文件和程序编译运行后生成的文件存放目录，该变量用于定义编译模板的目录位置。默认目录是"./templates_c"
配置目录变量（$config_dir）	该变量用于定义存放模板配置文件的目录位置。默认目录是"./configs"
缓存变量（$caching）	该变量用于定义Smarty是否支持缓存功能
缓存目录变量（$cache_dir）	缓存目录用来存放生成的缓存文件。该变量用来定义默认缓存目录的位置，默认目录是"./cache"
缓存有效期变量（$cache_lifetime）	该变量用来定义模板缓存的有效时间长度，单位为秒

2．Smarty 程序设计常用方法

Smarty 模板中提供了很多方法，最常用的是 assign() 方法和 display() 方法。

（1）assign() 方法

assign() 方法用来将某个值赋值到模板中。可以指定一对名称 / 数值，也可以指定包含名称 / 数值的联合数组。语法格式如下：

```
assign(string varname,mixed var)
```

例如：

```
//名称/数值 方式
$smarty->assign("Name","Fred");$smarty->assign("Address",$address);
```

```
//联合数组方式
$smarty->assign(array("city" => "Lincoln","state" => "Nebraska"));
```

（2）display()方法

display()方法用于显示模板，需要指定一个合法的模板资源的类型和路径。语法格式如下：

```
display (string template[,tring cache_if[,string compile_id]])
```

- template：必需。指定模板资源的类型和路径。
- cache_id：可选。指定缓存号。
- compile_id：可选。指定编译号。

例如：

```
$address = "245 N 50th";
$db_data = array( "City" => "Lincoln","State" => "Nebraska", "Zip" = >
"68502");
$tpl->assign("Name","Fred");
$tpl->assign("Address",$address);
$tpl->assign($db_data);
```

任务实施与测试

实现基于 Smarty 模板的推荐商品展示功能程序设计页面。

（1）在安装了 Smarty 环境并进行配置后，需要在"shop"根目录下创建 shangpin.php 页面。

（2）推荐的商品不止一条记录时，必须在程序页面中设置一个二维数组，来记录多条商品信息。

```
while($info=mysql_fetch_array($sql))
{
        $array[$i]['tupian']=$info['tupian'];
        $array[$i]['mingcheng']=$info['mingcheng'];
        $array[$i]['shichangjia']=$info['shichangjia'];
        $array[$i]['huiyuanjia']=$info['huiyuanjia'];
        $array[$i]['shuliang']=$info['shuliang'];
        $i++;
}
```

（3）在 PHP 代码最前端需要正确包含商品展示的 Smarty 配置文件 smarty_config.php。Smarty 程序设计代码 10-5 如下：

```
/*代码10-5  商品展示Smarty程序设计代码*/
<?php
    include"conn/conn.php";
    include"smarty/smarty_config.php";
     $sql=mysql_query("select * from tb_shangpin where tuijian=1 order by
addtime desc limit 0,2");
    $i=0;
    while($info=mysql_fetch_array($sql))  {            //循环设置商品信息$array数组
        $array[$i]['id']=$info['id'];
```

```
        $array[$i]['tupian']=$info['tupian'];
        $array[$i]['mingcheng']=$info['mingcheng'];
        $array[$i]['shichangjia']=$info['shichangjia'];
        $array[$i]['huiyuanjia']=$info['huiyuanjia'];
        $array[$i]['shuliang']=$info['shuliang'];
        $i++;
    }
    $tpl->assign('arr',$array);                 //把$array数组赋值
    $tpl->display('shangpin.html');             //显示到shangpin模板
?>
```

任务10.3　Smarty模板设计

 ## 任务描述

Smarty 模板配置设计好后，就需要进行 Smarty 的模板设计。本任务的主要内容包括 Smarty 内建函数和变量操作符。

 ## 知识储备

1．Smarty 的内建函数

Smarty 自带一些内建函数。内建函数是模板语言的一部分，用户不能创建名称和内建函数一样的自定义函数，也不能修改内建函数。

（1）include 包含函数

include 标签用于在当前模板中包含其他模板。当前模板中的变量在被包含的模板中可用。函数语法格式如下：

```
<{include file="file_name" assign="" var=""}>
```

- file：必需。待包含的模板文件名。
- assign：可选。指定一个变量保存待包含模板的输出。
- var：可选。传递给待包含模板的本地参数，只在待包含模板中有效。
- 例如，在模板中包含头部文件top.php，代码如下：

```
<{include file="top.php"}>
```

（2）capture 函数

capture 函数的作用是捕获模板输出的数据并将其存储到一个变量中，而不是把它们输出到页面。函数语法格式如下：

```
<{capture name="foo"}>…<{/capture}>
```

任何在 {capture name="foo"} 和 {/capture} 之间的数据都将被存储到变量 $foo 中，该变量由 name 属性指定。在模板中访问该变量的格式如下：

```
$smarty.capture.foo
```

如果没有指定 name 属性，函数默认将使用 "default" 作为参数。<{capture}> 必须成对出现，即以 <{/capture}> 作为结尾，该函数不能嵌套使用。

例如，在模板中插入如下代码：

```
<{capture name="foo"}>这是capture内建函数<{/capture}>
<{$smarty.capture.foo}>
```

该例在捕获到内容后输出一行"这是 capture 内建函数"，如果没有捕获到就什么也不输出。

（3）foreach 循环控制函数

foreach 函数用于循环输出简单数组，语法格式如下：

```
<{foreach name=foreach_name key=key item=item from=arr_name}>
……
<{/foreach}>
```

- name：可选。循环的名称。
- key：可选。当前数组的键值。
- item：必需。当前元素的变量名。
- form：必需。该循环的数组。

注：<{foreach}> 必须和 <{ /foreach}> 成对使用。

例如，利用 foreach 函数输出数组 $custid 中的所有元素的值。

① 在根目录下创建 foreach.php 文件，定义一个数组，然后调用 assign() 方法将数组赋值给模板中的变量，代码 10-6 如下：

```
/*代码10-6  foreach.php页面代码*/
<?php
    include"smarty/main.php";
    $custid=array(1000,1001,1002);                          //定义索引数组
    $cus=array('a'=>'php','b'=>'asp','c'=>'java');          //定义关联数组
    $tpl->assign('custid',$custid);            //将数组赋值给模板变量
    $tpl->assign('cus',$cus);                  //将数组赋值给模板变量
    $tpl->display('foreach.html');             //指定显示模板
?>
```

② 在 templates 模板文件夹中创建 foreach.html 模板文件，使用 foreach 语句输出模板变量，代码 10-7 如下：

```
/*代码10-7  foreach.html模板页面代码*/
<html>
    <body>
    <{foreach from=$custid item=curr_id}>
        id: <{$curr_id}><br>                 <!--循环输出数组的值-->
    <{/foreach}>
    <br >
    <{foreach from=$cus item=curr_id key= key}>
        <{$ key}>:<{$curr_id}><br>           <!--循环输出数组的键名：对应的值-->
    <{/foreach}>
</body>
```

```
</html>
```

运行结果如下：

```
id: 1000
id: 1001
id: 1002
a:php
b:asp
c:java
```

（4）section 循环控制函数

模板的 section 函数用于遍历数组中的数据，该语句多用于比较复杂的数组。语法格式如下：

```
<{section name=sec_name loop=$arr_name start=num step=num max=1 show= true >}
    ······
<{/section}>
```

- name：必需。循环的名称。
- loop：必需。循环的数组。
- start：可选。循环的初始位置。例如，start=2表示循环从数组的第2个元素开始显示。
- step：可选。步长。例如，step=3表示循环每执行一次后数组的指针向下移动三位。
- max：可选。循环的最大执行次数。
- show：可选。决定是否显示该循环。

注：<{section}> 必须和 <{ /section}> 成对使用。section 函数可以嵌套但必须保证嵌套的 name 唯一。

例如，利用 section 函数输出二维数组中的值

① 在根目录下创建 section.php 文件，定义一个二维数组，然后调用 assign() 方法将数组赋值给模板中的变量，代码 10-8 如下：

```
/*代码10-8  section.php页面代码*/
<?php
    include"smarty/main.php";
    //定义一个二维数组
    $user[]=array('name'=>'John Smith','address'=>'253 N 45th');
    $user[]=array('name'=>'Jack Jones','address'=>'417 Mulberry ln');
    $user[]=array('name'=>'Jane Munson','address'=>'5605 apple st');
    $tpl->assign('custid',$user);              //将二维数组赋值给模板变量
    $tpl->display('test.html');                //指定显示模板
?>
```

② 在 templates 模板文件夹中创建 section.html 模板文件，使用 section 语句输出模板变量，代码 10-9 如下：

```
/*代码10-9  section.html模板页面代码*/
<html>
<body>
    <{section name=user loop=$custid}>         <!--循环输出二维数组中的值-->
        name: <{$custid[user].name}><br>
```

```
        address: <{$custid[user].address}><br>
        <p>
    <{/section}>
</body>
</html>
```

运行结果如下：

```
name: John Smith
address: 253 N 45th
name: Jack Jones
address: 417 Mulberry ln
name: Jane Munson
address: 5605 apple st
```

（5）strip 函数

Smarty 在显示前将除去任何位于 <{strip}><{/strip}> 标记中数据的首尾空格和回车。这样可以保证模板容易理解且不用担心多余的空格导致问题。

例如，将下列语句在一行输出。

```
{strip}
<table border=0>
    <tr><td>
            <A HREF="<{$url}>">
            <font color="red">This is a test</font>
            </A>
    </td></tr>
</table>
{/strip}
```

输出结果为：

```
<table border=0><tr><td><A HREF="http://my.domain.com"><font
color="red">This is a test</font></A></td></tr></table>
```

3．变量调节器

在 Smarty 里面，如何修饰文本和变量呢？当然，可以通过 PHP 函数处理文本，然后再通过 assign() 方法分配到模板，其实 Smarty 提供的变量调节器能够很容易地处理文本。它可以用于操作变量、自定义函数和字符串；还可以帮助我们完成一些实用功能，如字符串拆分、替换和截取等。语法格式如下：

```
<{$var|modifier1|modifier2|modifier3|…}>
```

需要使用"|"符号和调节器名称应用调节器。变量调节器由赋予的参数值决定其行为。参数由"："符号分开。

Smarty 中常用的变量调节器如表 10-2 所示。

表10-2 Smarty中常用的变量调节器

成员方法名	描 述	示 例
capitalize	将变量中的所有单词首字母大写，参数值boolean型决定带数字的单词是否首字母大写，默认不大写	<{$a|capitalize}>
count_characters	计算变量值中的字符个数，参数值boolean型决定是否计算空格数，默认不计算空格数	<{$b|count_characters}>
cat	将cat中的参数值连接到给定的变量后面，默认为空	<{$c|cat:world}>
count_paragraphs	计算变量中的段落数量	<{$d|count_paragraphs}>
count_sentences	计算变量中句子的数量	<{$e|count_sentences}>
count_words	计算变量中的词数	<{$f|count_words}>
date_format	日期格式化，第一个参数控制日期格式，如果传给date_format的数据是空的，将使用第二个参数作为默认时间	<{$smarty.now|date_format:"%y-%m-%d %H:%I:%S"}>
default	为空变量设置一个默认值，当变量为空或未分配时，由给定的默认值替代输出	<{$biaoti|default:"no biaoti"}>
escape	用于html转码、url转码，在没有转码的变量上转换单引号、十六进制转码或者JavaScript转码。默认是html转码	<{$dz|escape}>
indent	在每行缩进字符串，第一个参数指定缩进多少个字符，默认是4个字符，第二个参数指定缩进用什么字符代替	<{$in\|indent}> <{$in|indent:1:"\t"}>
lower	将变量字符串小写	<{$low|lower}>
nl2br	所有的换行符将被替换成 ，功能同PHP中的nl2br()函数一样	<{$con|nl2br}>
regex_replace	寻找和替换正则表达式，必须有两个参数，参数1是替换正则表达式，参数2是使用什么文本字串来替换	<{$h|regex_replace:"/[\r\t\n]/":" "}>
replace	简单的搜索和替换字符串，必须有两个参数，参数1是将被替换的字符串，参数2是用来替换的文本	<{$h|replace:"hello":"你好"}>
spacify	在字符串的每个字符之间插入空格或者其他字符串，参数表示将在两个字符之间插入的字符串，默认为一个空格	<{$T|spacify:"^^" }>
string_format	是一种格式化浮点数的方法，例如，十进制数，使用sprintf语法格式化。参数是必需的，规定使用的格式化方式。%d表示显示整数，%.2f表示截取两个浮点数	<{$number|string_format:"%.2f"}>
strip	替换所有重复的空格，换行和tab为单个或指定的字符串。如果有参数则是指定的字符串	<{$a|strip:" " }>
strip_tags	去除所有html标签	<{$a|strip_tags }>
truncate	从字符串开始处截取某长度的字符，默认是80个	<{$a|truncate }>
upper	将变量改为大写	<{$a|upper }>

例如，应用变量调节器对一个字符串进行处理。

（1）根目录下创建 test.php 文件，代码 10-10 如下：

```php
/*代码10-10  test.php页面代码*/
<?php
    include "smarty/main.php";
```

```
    $value="Child's Stool Great for Use in Garden.";        //定义一个字符串
    $tpl->assign("str",$value);
    $tpl->assign("date",strtotime("-0"));              //转换英文日期格式
    $tpl->display("test.html");
?>
```

（2）在 templates 模板文件夹中创建 test.html 模板文件，使用变量调节器处理字符串，代码 10-11 如下：

```
代码10-11  test.html模板页面代码
<html>
<head><title>Smarty变量操作符</title></head>
<body>
    原始内容:<{$str}><hr>
    首字母大写：<{$str|capitalize}><br>
    计算字符数:<{$str|count_characters}><br>
    截取字符串：（truncate):<{$str|truncate:20:"..."}><br>
    替换字符串:<{$str|replace:"Garden":"Vineyard"}><br>
    去除HTML标签:<{$str|strip_tags}><br>
    原始时间内容：<{$date}><br>
    <{$date|date_format:'%Y-%m-%d'}><br>
    <{$smarty.now|date_format:'%Y-%m-%d'}><br>
    url转码：<{$str|escape:"url"}><br>
</body>
</html>
```

运行结果如图 10-2 所示。

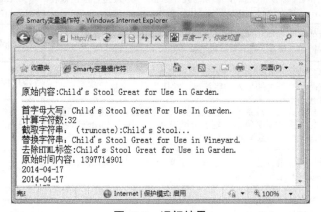

图10-2　运行结果

任务实施与测试

实现基于 Smarty 模板的推荐商品展示功能模板设计页面。

（1）在"shop/smarty/tpls/templates"目录下创建 shangpin.html 页面。

（2）本页面最主要是利用 section 循环显示 shangpin.php 程序设计页面赋值的商品信息二

维数组。实现部分代码如下：

```
<{ section name=s loop=$arr}><!--利用section循环显示二维数组-->
<td>市场价： <{ $arr[s].shichangjia}></td>
<td>会员价： <{ $arr[s].huiyuanjia}></td>
<{/section}>
```

（3）在页面的头部和尾部需要利用include包含函数的头部文件和尾部文件。Smarty 模板设计代码 10-12 如下：

```
/*代码10-12  商品展示Smarty模板设计代码*/
<table width="766" border="0" align="center" cellpadding="0"
cellspacing="0">
    <tr><td><{include file="c:/wamp/www/shop/top.php"}></td></tr><!--包含top.
php头部文件-->
    <tr>
    <table width="607" height="110" border="0" align="center" cellpadding="0"
cellspacing="0">
    <tr><td width="607" height="50"> 推荐产品：     <a href="showtuijian.php">
更多..</a></td></tr>
        <{ section name=s loop=$arr}><!--利用section循环显示二维数组-->
    <tr><td width="265"><table width="270" border="0" cellspacing="0"
cellpadding="0">
    <tr>
        <td width="130" rowspan="5"><img src="<{ $arr[s].tupian}>" width="80"
height="80" border="0"> </td>
        <td width="124"><font color="FF6501"><img src="images/circle.gif"
width="10" height="10"> <{ $arr[s].mingcheng}></font></td>
    </tr>
    <tr>
        <td>市场价： <font color="FF6501"><{ $arr[s].shichangjia}></font></td>
    </tr><tr>
        <td>会员价： <font color="FF6501"><{ $arr[s].huiyuanjia}></font></td>
    </tr><tr>
        <td>剩余数量： <font color="13589B"> <{ $arr[s].shuliang}></font></td>
    </tr><tr>
        <td height="30" colspan="2"><a href="lookinfo.php?id=<{$arr[s].
id}>"><img src="images/b3.gif" width="34" height="15" border="0"></a> <a
href="addgouwuche.php?id=<{$arr[s].id}>"><img src="images/b1.gif" width="50"
height="15" border="0"></a> </td>
    </tr></table></td>
        <{/section}>
    </tr></table></tr>
    <tr><td><{include file="c:/wamp/www/shop/bottom.php"}></td> </tr>
</table>
```

（4）运行 shangpin.php 程序，结果如图 10-3 所示。

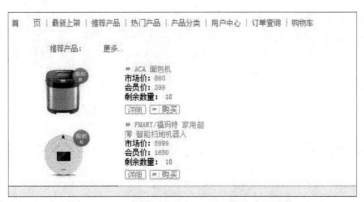

图10-3 运行shangpin.php程序的结果

任务10.4 Smarty缓存

任务描述

合理使用缓存能有效地减轻网站的服务器压力，提高页面访问的速度。Smarty 作为一个非常优秀的 PHP 模板引擎，提供了非常简单而多样化的缓存操作。下面将学习 Smarty 缓存操作方面的一些技巧，同时分析一下如何开启和使用 Smarty 缓存和如何清除 Smarty 缓存。

知识储备

1. 开启和使用 Smarty 缓存

要开启 Smarty 缓存，只需在 Smarty 设置参数中将 caching 设置为 true，并指定 cache_dir 即可。同时设置 cache_lefetime 参数指定缓存生存时间（单位为秒）。例如：

```
$tpl->cache_dir = " smarty/tpls /cache/";  //设置缓存目录的位置
$tpl->caching=1;                            //关闭缓存
$tpl->cache_lifetime=60*60*24;              //设置缓存时间为24小时
```

在商品展示实现中，如果开启缓存，则在"smarty/tpls/cache"目录下生成一个缓存文件，如图 10-4 所示。

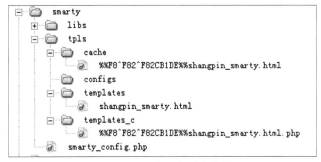

图10-4　生成一个缓存文件

2. 清除 Smarty 缓存

清除缓存文件有两种方法：一种是利用 clear_all_cache() 方法清除所有缓存文件；另一种是利用 clear_cache() 方法清除指定模板的缓存文件。代码如下：

```
$tpl->clear_all_cache();                    //清除所有缓存
$tpl->clear_cache('shangpin.html');         //清除指定模板shangpin.html的缓存
```

任务10.5　ThinkPHP简单入门

任务描述

ThinkPHP 是一个快速、简单的基于 MVC 和面向对象的轻量级 PHP 开发框架，遵循 Apache2 开源协议发布，从诞生以来一直秉承简洁实用的设计原则，在保持出色的性能和至简的代码的同时，尤其注重用户开发体验和易用性，并且拥有众多的原创功能和特性，为 Web 应用开发提供了强有力的支持。ThinkPHP 使用面向对象的开发结构和 MVC 模式，封装了 CURD 和一些常用操作，在模板引擎、缓存机制、认证机制和扩展性方面均有独特的表现。

学习框架前，需要了解 PHP、数据库的基础知识，同时对面向对象编程有一定了解。本任务只是对 ThinkPHP 进行简单的介绍，通过学习重点让读者理解 MVC 的设计模式。读者如要进一步学习可参考 ThinkPHP 的开发手册和 API 手册。

知识储备

1. MVC 设计模式

MVC 是当前流行的 Web 应用设计框架，是软件工程中的一种软件架构模式，已被广泛使用。MVC 设计模式影响了软件开发人员的分工，它使页面设计人员和功能开发人员有效地分开，它强制性地使应用程序的输入、处理和输出分开，这大大提高了 Web 系统的可靠性、可扩展性和可维护性。

MVC 把软件系统分为三个基本部分：模型（Model）、视图（View）和控制器（Controller）。

- 模型（Model）是应用程序中用于处理应用程序数据逻辑的部分。通常模型对象负责在数据库中存取数据。
- 视图（View）是应用程序中处理数据显示的部分。通常视图是依据模型数据创建的。
- 控制器（Controller）是应用程序中处理用户交互的部分。通常控制器负责从视图中读取数据，控制用户输入，并向模型发送数据。

MVC 模型原理如图 10-5 所示。

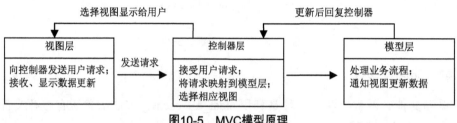

图10-5　MVC模型原理

MVC 处理过程：首先控制器接收用户的请求，并决定应该调用哪个模型来进行处理；然后模型层进行业务逻辑处理并返回数据；最后控制器用相应的视图对模型返回的数据进行格式化，并通过视图呈现给用户。

2．ThinkPHP 介绍

（1）目录结构

ThinkPHP 最新版本可以在官方网站（http://thinkphp.cn/down/framework.html）或 Github（https://github.com/liu21st/thinkphp/downloads）下载。本书下载的是最新版本 ThinkPHP 3.2.2 版。把下载后的压缩文件解压到 Web 目录（或者任何目录都可以），这里将解压后的文件夹放至 WWW 文件夹下。其中框架目录 ThinkPHP 的结构如图 10-6 所示。

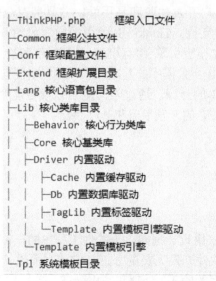

```
├─ThinkPHP.php    框架入口文件
├─Common 框架公共文件
├─Conf 框架配置文件
├─Extend 框架扩展目录
├─Lang 核心语言包目录
├─Lib 核心类库目录
│  ├─Behavior 核心行为类库
│  ├─Core 核心基类库
│  ├─Driver 内置驱动
│  │  ├─Cache 内置缓存驱动
│  │  ├─Db 内置数据库驱动
│  │  ├─TagLib 内置标签驱动
│  │  └─Template 内置模板引擎驱动
│  └─Template 内置模板引擎
└─Tpl 系统模板目录
```

图10-6　框架目录ThinkPHP的结构

注意

框架的公共入口文件 ThinkPHP.php 是不能直接执行的，该文件只能在项目入口文件中调用才能正常运行（后面将详细介绍）。

（2）入口文件

ThinkPHP 是单一入口模式，也就是说所有流程都是从这个入口文件开始的，通常入口文件名字设置为 index.php。在这里在 WWW 目录下建立一个 Myapp 文件夹，在文件夹下创建一个 index.php 入口文件。在入口文件中加入如下代码：

```
require '/ThinkPHP框架所在目录/ThinkPHP.php';
```

作用是加载 ThinkPHP 框架的入口文件 ThinkPHP.php，这是所有基于 ThinkPHP 开发应用的第一步。然后，在浏览器地址栏中写入 "http://localhost/myapp/" 来访问这个入口文件，可以看到欢迎界面，如图 10-7 所示。

运行后在 Myapp 文件夹下已经自动生成了目录，目录结构如图 10-8 所示。

```
├─index.php      项目入口文件
├─Common 项目公共文件目录
├─Conf 项目配置目录
├─Lang 项目语言目录
├─Lib 项目类库目录
│  ├─Action Action类库目录
│  ├─Behavior 行为类库目录
│  ├─Model 模型类库目录
│  └─Widget Widget类库目录
├─Runtime 项目运行时目录
│  ├─Cache 模板缓存目录
│  ├─Data 数据缓存目录
│  ├─Logs 日志文件目录
│  └─Temp 临时缓存目录
└─Tpl 项目模板目录
```

:)

欢迎使用 ThinkPHP！

图10-7 ThinkPHP欢迎界面   图10-8 Myapp文件夹目录结构

（3）配置

每个项目都有一个独立的配置文件（位于项目目录的 Conf/config.php），配置文件的定义格式均采用 PHP 返回数组的方式，例如：

```
//项目配置文件
return array(
    '配置参数'       => '配置值',
    //…更多配置参数
);
```

一旦有需要，我们就可以在项目配置文件中添加相关配置项目。例如：

```
'配置参数' => '配置值'
```

配置值可以支持包括字符串、数字、布尔值和数组在内的数据，通常配置参数均使用大写定义。如果有需要，还可以为项目定义其他配置文件。

连接数据库只需在 "Conf" 目录中的配置文件 config.php 进行配置即可。代码如下：

```
'DB_TYPE'=> ''                   //数据库类型
'DB_HOST'=> ''                   //数据库服务器地址
'DB_NAME'=>''                    //数据库名称
'DB_USER'=>''                    //数据库用户名
'DB_PWD'=>''                     //数据库密码
'DB_PORT'=>''                    //数据库端口
'DB_PREFIX'=>''                  //数据表前缀
```

在开始之前，首先要创建数据库。这里使用的是 Mysql 数据库，利用 PhpMyadmin 新建一个数据库，名称为 myapp。如果需要读取数据库中的数据，就需要在项目配置文件中添加数据库连接信息。代码如下：

```
return array(
    'DB_TYPE'=>'mysql',          //使用的数据库是mysql
    'DB_HOST'=>'localhost',
    'DB_NAME'=>'myapp',          //数据库名
    'DB_USER'=>'root',
    'DB_PWD'=>'123456',          //填写用户连接数据库的密码
    'DB_PORT'=>'3306',
    'DB_PREFIX'=>'think_',       //数据表表名的前缀
);
```

（4）控制器

ThinkPHP 的控制器位于项目的"Lib\Action"目录中。需要为每个模块定义一个控制器类。控制器类的命名规范是：模块名 +Action.class.php。系统的默认模块是 Index，对应的控制器就是项目目录下面的 Lib/Action/IndexAction.class.php，类名和文件名一致。默认操作是 index，也就是控制器的一个 public 方法。初次生成项目目录结构时，系统已经默认生成了一个默认控制器（就是之前看到的欢迎页面），将 index 方法改成如下代码：

```
class IndexController extends Controller {
    public function index(){
        echo 'hello,world!';
    }
}
```

再次运行应用入口文件，浏览器会显示"hello,world!"。

（5）视图

ThinkPHP 内置了一个编译型模板引擎，也支持原生的 PHP 模板，并且还提供了包括 Smarty 在内的模板引擎驱动。和 Smarty 不同，ThinkPHP 在渲染模板时如果不指定模板，则会采用系统默认的定位规则，其定义规范是"Tpl/ 模块名 / 操作名 .html"，所以，Index 模块的 index 操作的默认模板文件位于项目目录下面的 Tpl/Index/index.html。例如：

```
<html>
<head>
    <title>hello {$name}</title>
</head>
<body>
    hello, {$name}!
```

```
</body>
</html>
```

要输出视图，必须在控制器方法中进行模板渲染输出操作，例如：

```
class IndexAction extends Action {
    public function index(){
        $this->name = 'thinkphp';            // 进行模板变量赋值
        $this->display();
    }
}
```

在 display 方法中没有指定任何模板，所以按照系统默认的规则输出了 Index/index.html 模板文件。接下来，在浏览器中输入 "http://localhost/myapp/"，则浏览器中会输出 "hello,thinkphp!"。

 任务实施与测试

使用 ThinkPHP 框架完成商品展示功能。

1．创建数据库

为本项目创建一个数据库名为 tp_shop，数据表名为 tb_book。数据库结构如图 10-9 所示。

名字	类型
id	int(11)
name	varchar(30)
price	varchar(20)
xinghao	varchar(30)
introduction	varchar(200)

图10-9　数据库结构

2．创建项目及入口文件

创建新项目为 tpshop，在项目中创建 index.php 入口文件。入口文件代码 10-13 如下：

```
/*代码10-13   入口文件代码*/
<?php
    define('THINK_PATH','./ThinkPHP');        // 定义ThinkPHP路径
    define('APP_NAME','tpshop');              // 定义项目名称
    define('APP_PATH','./tpshop');            // 定义项目路径
    require('C:\wamp\www\ThinkPHP\ThinkPHP.php');        // 加载入口文件
    $App = new App();                         // 实例化这个项目
    $App->run();                              // 执行初始化
?>
```

3．设置配置文件

修改在项目的 "Conf" 目录中的配置文件 config.php。修改代码 10-14 如下：

```
/*代码10-14   配置文件代码*/
<?php
    return array(
        'DB_TYPE'=>'mysql',                   // 使用的数据库是mysql
        'DB_HOST'=>'localhost',
        'DB_NAME'=>'tp_shop',                 // 数据库名
```

```
        'DB_USER'=>'root',
        'DB_PWD'=>'',                          // 填写用户连接数据库的密码
        'DB_PORT'=>'3306',
        'DB_PREFIX'=>'tp_',                    // 数据表表名的前缀
    );
?>
```

4．创建模型类

TinkPHP 中的基础模型类为 Model 类，该类完成了基本 CURD、ActiveRecord 模式和统计查询，所以无须定义模型，就可以完成相关数据表的操作。要操作 tp_shangpin 表，可以在 Lib\Model 文件夹中创建 ShangpinModel.class.php 模型类文件，创建模型类文件 ShangpinModel，并继承模型 Model 基类，代码 10-15 如下：

```
/*代码10-15  模型类代码*/
<?php
    class ShangpinModel extends Model {
    }
?>
```

5．创建控制器

在 Lib\Action 目录中创建 IndexAction.class.php 控制器，代码 10-16 如下：

```
/*代码10-16  控制器代码*/
<?php
class IndexAction extends Action {
    public function index(){
        $shangpin=new ShangpinModel();         // 实力化模板类
        $list=$shangpin->select();             //调用select()方法查询数据
        $this->assign('list',$list);           // 进行模板变量赋值
          $this->display();                    //模板输出
    }
}
?>
```

6．创建模板文件

在项目目录下面的 Tpl 中创建 Index 文件夹，并创建 index.html 模板文件，代码 10-17 如下：

```
/*代码10-17  模板文件代码*/
<html>
<head>
    <title>商品信息展示</title>
</head>
<body>
    <volist name='list' id='vo'>
        商品编号：{$vo.id}<br>
        商品名称：{$vo.name}<br>
```

```
            商品价格：{$vo.price}<br>
            商品型号：{$vo.xinghao}<br>
            商品介绍：{$vo.introduction}<br>
        </volist>
</body>
</html>
```

模板定义完成后就可以在浏览器中输入"http://localhost/tpshop/"，运行结果如图
10-10 所示。

图10-10　运行结果

 任务拓展

（1）利用 Smarty 模板实现网上购物系统中"最新上架"、"热门产品"和"产品分类"
等功能。

（2）利用 ThinkPHP 框架实现网上购物系统中"最新上架"、"热门产品"和"产品分类"
等功能。

 项目重现

利用ThinkPHP框架实现BBS的后台管理

1．项目目标

完成本项目后，读者能够：
- 掌握ThinkPHP框架的安装及配置。
- 掌握ThinkPHP框架查询功能。

2．相关知识

完成本项目后，读者应该熟悉：
- PHP的新技术。
- 利用ThinkPHP框架的开发方法。

3．项目介绍

今天的网站开发已经基本不再使用面向过程的开发方法。大部分企业都采用了 MVC 的设计模式。在本项目中，利用当今企业使用较为广泛的 ThinkPHP 框架，来实现 BBS 论坛的后台管理模块。论坛的后台管理模块包括会员管理、版主管理、主题管理及帖子管理等部分。本项目主要实现主题管理。

4．项目内容

ThinkPHP 是一个免费开源的、快速简单的轻量级国产 PHP 开发框架，它使用面向对象的开发结构和 MVC 模式进行开发。使用 ThinkPHP，可以更方便和快捷地开发和部署应用。

BBS 后台管理中的主题管理主要实现主题的增、删、改、查等功能。版主在进入后台后可以直接浏览所有主题的信息，并可以增加和删除主题，如果发现有需要修改的主题，也可以方便地进行操作。

（1）利用框架快速实现 BBS 后台主题的展示。

（2）利用框架快速实现 BBS 后台主题的删除。

（3）利用框架快速实现 BBS 后台主题的增添。

（4）利用框架快速实现 BBS 后台主题的修改。

PHP程序开发范例

学习目标

本项目将结合 Web 商务网站的实现，介绍 Web 应用开发的思想和工程方法，目的是使读者掌握使用 PHP 开发 Web 应用系统的基本流程和 PHP 程序设计的基本方法。本项目提供的几个示例采用了目前比较流行的 PHP 框架技术。

知识目标

- 熟练掌握PHP+MySQL项目开发流程
- 掌握范例中的数据库设计

- 了解MVC开发模式

技能目标

- 能利用PHP+MySQL进行项目的设计与程序编写

- 掌握框架开发的基本流程

项目背景

阿里巴巴集团创始人马云说过："21 世纪，要么电子商务，要么无商可务！"的确，在网络发展迅猛的今天，电子商务已经渐渐取代了传统的商品销售渠道，成为一种非常重要的销售方式。本项目提供三个任务，分别是：基于 Wap 的手机网上交易平台、个人博客和城易网。借助这几个示例读者可了解最新的 PHP 开发技术。

任务实施

根据系统的功能目标，对系统的功能模块进行划分，并设计数据库。

任务11.1　基于Wap的手机网上交易平台

任务描述

随着互联网的发展，智能手机的普及，4G 时代的到来，手机端作为物联网的首要入口已经呈现出强大的生命力。目前网上购物的一种发展趋势就是利用手机购物，用移动终端随时随地进行支付，在未来，移动终端有可能取代电脑终端。正是基于这种潜在的购买趋势，处理一些二手物品的手机交易平台顺势而生，在该平台下，注册用户可以转卖，与他人等价交换闲置物品。

 任务实施与测试

1. 系统整体设计

系统功能包括前台功能和后台功能。

1）前台功能

（1）会员注册

JQuery+Ajax 实现检测用户名、邮箱是否已经被注册，以及一些信息提示。注册成功后发送邮件链接到填写的邮箱，激活后才能登录。保证了邮箱的真实性和唯一性。

（2）会员登录

JQuery+Ajax 实现前台登录信息提示，如账号或者密码错误、验证码错误，不用刷新页面。

（3）找回密码

输入正确的用户名和绑定的邮箱后，发送一个邮件到用户绑定的邮箱，然后单击邮件内的链接进入重设密码界面进行操作。

（4）商品浏览与搜索

用户可以进行商品的分类浏览（包括商品的详情和卖家联系电话等），输入关键字可以进行商品的搜索等。

（5）联系卖家

在商品详情页面有卖家联系方式，单击短信联系或者电话联系后，会直接跳转到发送短信界面、拨打电话界面，省去了用户输入卖家号码的麻烦。

（6）商品发布

输入商品的信息、价格和卖家的联系方式等，然后提交上架。

（7）用户个人信息修改

可以修改个人信息，如手机号码、短号、地址等。如果使用开通了飞信的手机号码，可以加入轻淘网飞信，方便与管理员联系。

密码的修改和邮箱的修改。输入正确的旧密码和新密码后进行修改密码。输入正确的旧邮箱后可以收到一份有验证码的邮件，然后输入验证码到下一步输入新邮箱再获取验证码，输入正确的验证码后方能修改邮箱成功，因为邮箱有找回密码的功能。所以邮箱是最高的安全信息。

（8）意见反馈

可以发送意见给管理员。管理员在后台管理浏览后可以发送邮件回复该用户。

（9）帮助中心

提供如何使用本网站的帮助服务，方便用户使用。

2）后台功能

（1）会员管理

可以对会员信息进行编辑、禁用等操作。

（2）系统设置

修改网站的名称、网站 LOGO 和页脚信息等。

（3）广告管理

对前台主页的广告幻灯图片进行替换。

（4）产品管理

可以编辑商品信息和商品的下架等。

（5）分类管理

增加或者修改分类的名称、删除分类等。

（6）帮助中心

添加、删除、修改帮助中心的信息，方便用户使用网站。

（7）留言管理

对用户在前台的意见反馈中的问题发邮件回复到用户的邮箱。

（8）清除缓存

清除网站的缓存。

（9）群发飞信和邮件

对已经是飞信好友的用户手机号发送飞信信息，方便联系用户，非好友的或空手机号码的会自动跳过或提示发送失败。发飞信和发邮件一样支持群发。

（10）修改管理员密码及资料

可修改当前登录管理员的登录密码及资料。

2. 数据库设计

二手交易平台触屏版主要涉及 8 张数据表，如图 11-1 所示。

图11-1　数据库表

数据库命名为 gdqysc，包括 8 张数据表，各表说明及结构可参见具体的 SQL 文档。

3．网站前台的整体搭建

（1）网站首页

网站首页主要是前端工程师做好的静态网页，然后将数据库的数据传输到静态网页中，ThinkPHP 主要是用 $this->assign(); 来向静态网页传数据。首页主要内容有导航（我的轻淘、商品分类、区域选择、发布需求）、搜索、产品列表、登录注册等。

（2）我的轻淘

我的轻淘主要是用户的个人中心，用户可以在我的轻淘查看、修改个人信息，以及查看曾经发布过的二手物品信息等。网站首页如图 11-2 所示，系统主界面如图 11-3 所示。

图11-2　网站首页

图11-3　系统主界面

（3）商品分类

商品分类主要是数据表 think_categories 表的数据传递到静态模板，如图 11-4 所示。

（4）区域选择

"区域选择"下拉列表中有广州校区和南海校区可供选择，如图 11-5 所示。

图11-4　商品分类

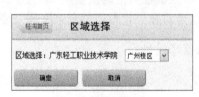

图11-5　选择区域

（5）发布商品

发布商品主要是发布闲置物品到系统中供他人选购，主要功能有上传产品图片等，如图 11-6 所示。

（6）商品列表

商品列表如图 11-7 所示。

图11-6 发布商品

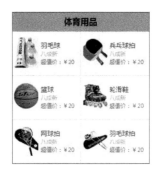

图11-7 商品列表

（7）登录注册、找回密码

输入正确用户名和绑定的邮箱后，发送链接到邮箱。激活链接有效期是 12 小时，过期无效，需要重新发送；激活后链接失效。通过邮箱链接找回密码如图 11-8 所示。

图11-8 通过邮箱链接找回密码

（8）群发飞信和群发邮件

使用 3G 飞信的接口，应用发单条飞信的接口类，将添加好友、检测是否为好友、群发飞信这些功能整合在一起。现在的前端有添加轻淘管理员为飞信好友的功能，同一个号码每天只能发送三次添加请求，手机号显示已经是好友的提示信息如图 11-9 所示。而且单击按钮后被禁用了 60 秒，这用到了 JQuery.cookie.js。刷新页面或关闭后重新打开，等待时候还在，除非清除浏览器的 Cookie。发飞信、发邮件如图 11-10 所示。

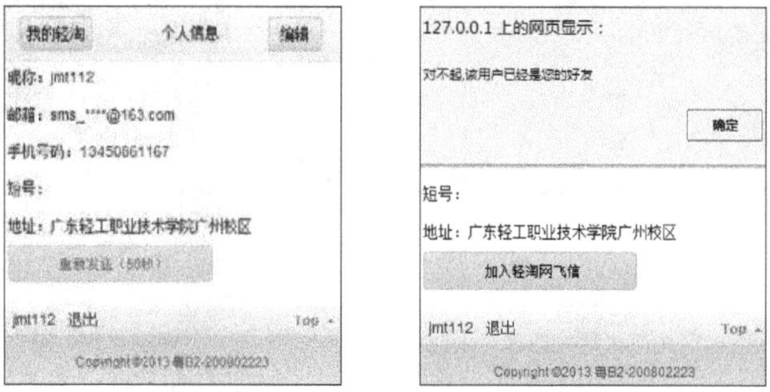

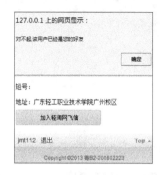

（a）　　　　　　　　　　（b）

图11-9　飞信显示好友

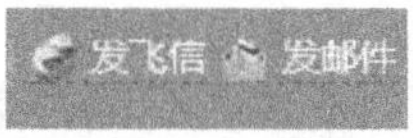

图11-10　发飞信、发邮件

群发飞信如图 11-11 所示，因为有检测是否为好友的功能，所以不是好友的手机号会提示发送失败，手机号为空的直接跳过。其他的群发邮件功能，必须填写正确的邮箱激活后才能注册完成，所以邮箱必须是真实的。群发邮件如图 11-12 所示。

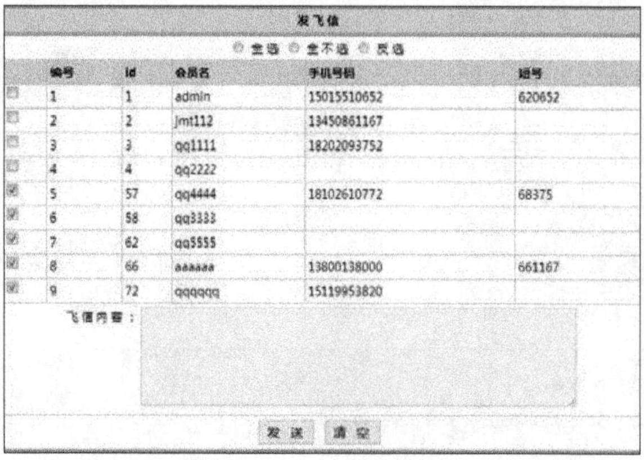

发飞信

◎ 全选 ◎ 全不选 ◎ 反选

	编号	id	会员名	手机号码	短号
☐	1	1	admin	15015510652	620652
☐	2	2	jmt112	13450861167	
☐	3	3	qq1111	18202093752	
☐	4	4	qq2222		
☑	5	57	qq4444	18102610772	68375
☑	6	58	qq3333		
☑	7	62	qq5555		
☑	8	66	aaaaaa	13800138000	661167
☑	9	72	qqqqqq	15119953820	

飞信内容：

发送　清空

图11-11　群发飞信

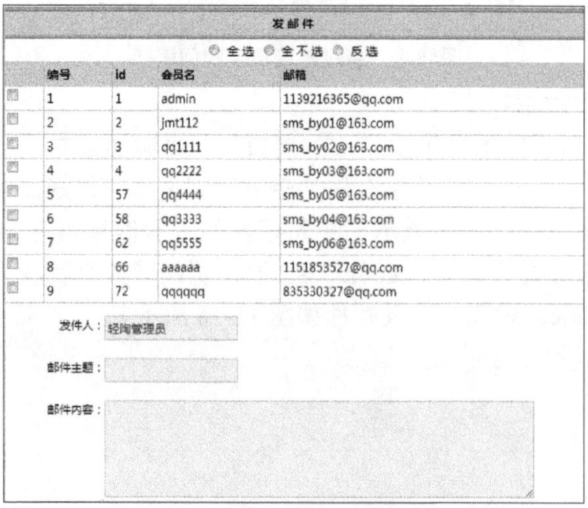

发邮件

◎ 全选 ◎ 全不选 ◎ 反选

	编号	id	会员名	邮箱
☐	1	1	admin	1139216365@qq.com
☐	2	2	jmt112	sms_by01@163.com
☐	3	3	qq1111	sms_by02@163.com
☐	4	4	qq2222	sms_by03@163.com
☐	5	57	qq4444	sms_by05@163.com
☐	6	58	qq3333	sms_by04@163.com
☐	7	62	qq5555	sms_by06@163.com
☐	8	66	aaaaaa	1151853527@qq.com
☐	9	72	qqqqqq	835330327@qq.com

发件人：轻淘管理员

邮件主题：

邮件内容：

图11-12　群发邮件

4. 网站后台的整体搭建

（1）后台首页

后台首页由 ThinkPHP 框架自带的一些获取系统的信息组成，如图 11-13 所示。

（2）会员管理

会员管理主要是对系统会员进行管理（新增、禁用、编辑、删除等操作），如图 11-14 所示。

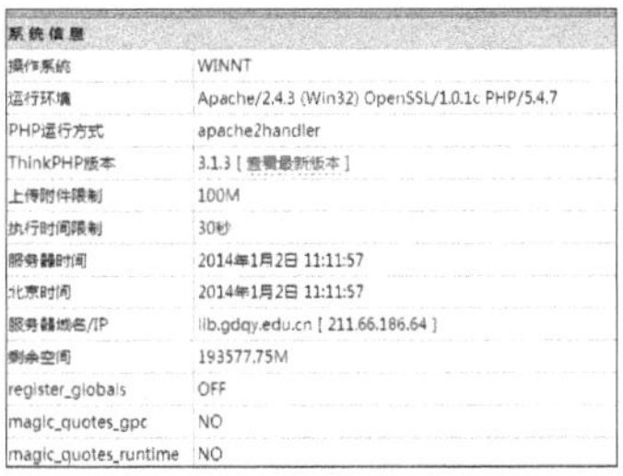

图11-13 后台首页　　　　　　　　　　　　　　图11-14 会员管理

（3）系统设置

系统设置的主要功能是修改网站的信息，包括网站名称、LOGO 和底部版权信息，如图 11-15 所示。

（4）广告管理

广告管理主要是更换前台的轮播广告，如图 11-16 所示。

图11-15 系统设置 　　　　　　　　　　　　　　图11-16 广告管理

（5）产品管理

产品管理的主要功能是对用户发布的二手物品进行审核、编辑、删除等，如图 11-17 所示。

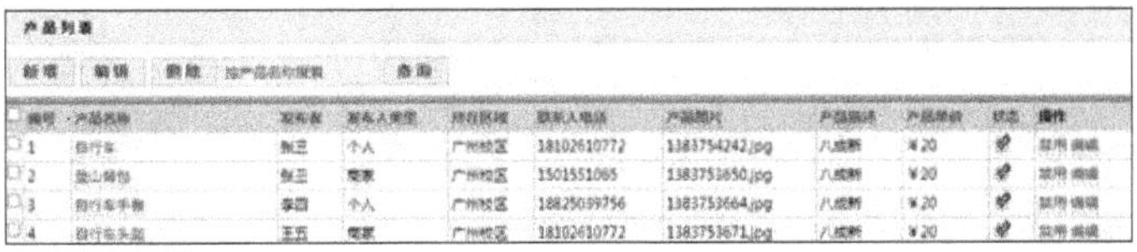

图11-17 产品管理

（6）分类管理

分类管理的主要功能是新增、编辑、删除分类，如图 11-18 所示。

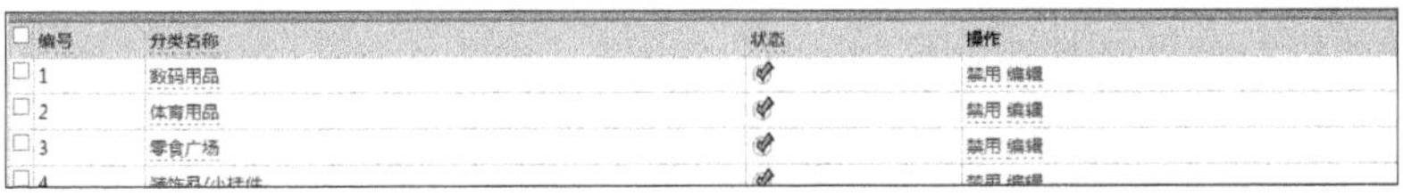

图11-18 分类管理

（7）帮助中心

帮助中心的主要功能是新增、编辑、删除帮助信息，如图 11-19 所示。

图11-19　帮助中心

（8）留言管理

留言管理主要处理前台用户反馈的信息，如图 11-20 所示。

图11-20　留言管理

（9）清除网站缓存

在网站的浏览过程中，都会产生一些缓存文件，这些缓存文件可以让我们在下次浏览网页时更快、更方便，但同时也占用了硬盘的空间，占用了内存的空间，影响了系统的运行速度，所以，有必要定期清除一下缓存。

任务11.2　个人博客

 ## 任务描述

Blog 是继 Email、BBS、QQ 之后出现的第 4 种网络交流方式，是网络时代的个人"读者文摘"，是以超链接为武器的网络日记，代表着新的生活方式和新的工作方式，更代表着新的学习方式。一个 Blog 其实就是一个网页，它通常由简短且经常更新的帖子构成。ITBlog 是一个用于发布 IT 领域相关资讯和知识的个人博客，采用了 BroPHP 框架搭建。

任务实施与测试

1．系统整体设计

系统功能包括前台功能和后台功能。

1）前台功能

（1）普通浏览

前台主要提供普通用户访问博客，按照不同分类浏览文章的功能。博客首页如图 11-21
所示。

图11-21 博客首页

（2）发表评论

对于用户感兴趣的话题，可以发表评论。用户评论如图 11-22 所示。

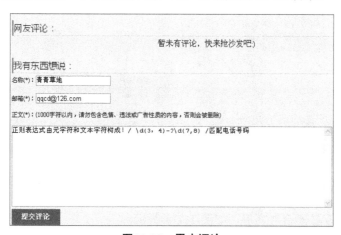

图11-22 用户评论

（3）意见反馈

可以发送意见给管理员。管理员在后台管理浏览后可以发送邮件回复该用户。

（4）帮助中心

提供如何使用本博客的帮助服务，方便用户
使用。

2）后台功能

（1）用户管理

可以对用户信息进行添加、修改、设置用户状
态等操作。添加新用户如图 11-23 所示。

图11-23 添加新用户

（2）用户组管理

可以对用户组信息进行添加、修改、设置用户组权限等操作。修改用户组信息如图 11-24 所示。

（3）文章分类管理

可以对文章分类信息进行添加、修改、设置分类图片等操作。添加分类如图 11-25 所示。

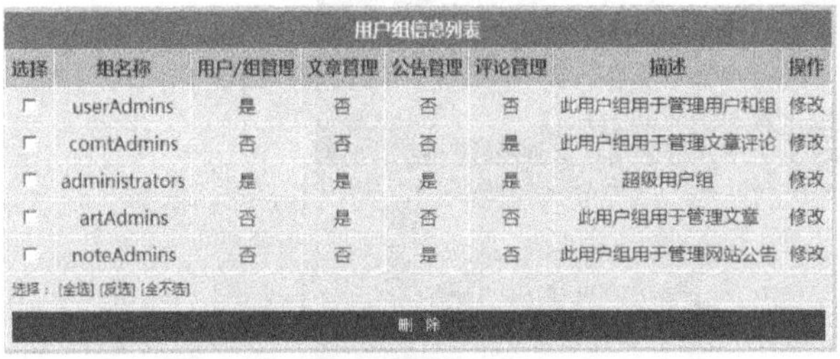

图11-24　修改用户组信息　　　　　　　　　　图11-25　添加分类

（4）文章管理

可以发布博客文章信息及修改分类信息，如图 11-26、图 11-27 所示。

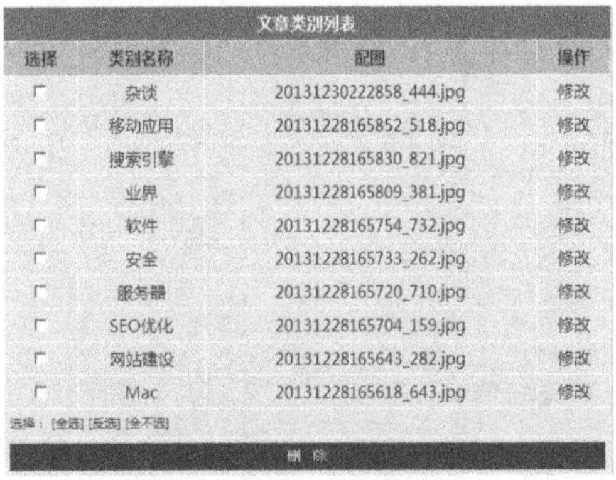

图11-26　修改分类信息　　　　　　　　　　　图11-27　文章信息列表

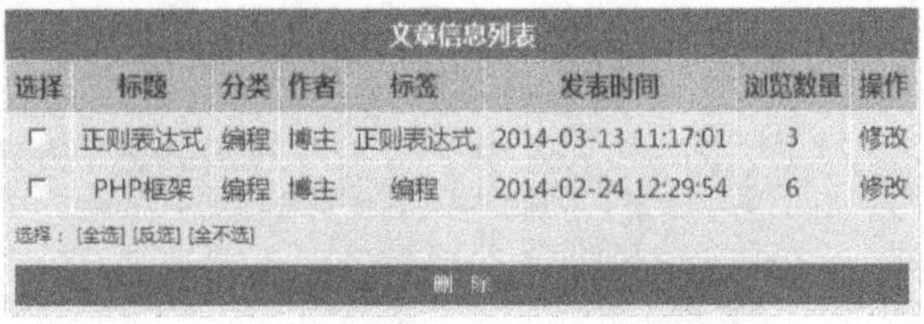

（5）评论管理

评论管理包括查看评论内容等，如图 11-28 所示。

（6）公告管理

公告管理包括添加公告、启用禁用公告等，如图 11-29 所示。

图11-28　查看评论内容　　　　　　　　　　　图11-29　修改公告

2．数据库设计

博客系统主要涉及 7 张数据表，如表 11-1 ～表 11-7 所示。

表11-1 用户组表（bro_group）

表 名	bro_group用于保存用户组记录，表引擎为MyISAM类型，字符集为UTF-8			
列 名	数据类型	属 性	约束条件	说 明
id	smallint(4)	无符号/非空/自动增长	主键	用户组编号
groupname	varchar(20)	非空/缺省''		用户组名称
description	varchar(200)	非空/缺省''		用户组描述
useradmin	tinyint(1)	非空/缺省0		用户/组管理权限
articleadmin	tinyint(1)	非空/缺省0		文章管理权限
announceadmin	tinyint(1)	非空/缺省0		公告管理权限
comtadmin	tinyint(1)	非空/缺省0		评论管理权限
补充说明	每个用户组可以设置4个权限，设置方式相同，值1为拥有权限，值0没有权限。所属该用户组中的所有用户拥有该组设置的权限			

表11-2 用户表（bro_user）

表 名	bro_user用于保存用户账户信息，表引擎为MyISAM类型，字符集为UTF-8			
列 名	数据类型	属 性	约束条件	说 明
id	int(11)	无符号/非空/自动增长	主键	用户编号
gid	smallint(4)	无符号/非空/缺省0	外键/普通索引(user_gid)	组编号
username	varchar(20)	非空/缺省''	普通索引(user_username)	用户名称
userpwd	varchar(40)	非空/缺省''	普通索引(user_userpwd)	用户密码
email	varchar(60)	非空/缺省''		电子邮箱
regtime	int(10)	无符号/非空/缺省0		注册时间
sex	smallint(3)	非空/缺省0		用户性别
upic	char(24)	非空/缺省''		头像图片
disable	tinyint(1)	无符号/非空/缺省0	普通索引(user_disable)	账户开关
补充说明	用户密码：使用MD5加密 用户性别：有3个值，1为男，2为女，0为保密。可以用来设置默认的用户头像 账户开关：0为开启，1为禁用			

表11-3 文章类别表（bro_class）

表 名	bro_class用于保存文章的类别信息，表引擎为MyISAM类型，字符集为UTF-8			
列 名	数据类型	属 性	约束条件	说 明
id	int(11)	无符号/非空/自动增长	主键	类别编号
classname	varchar(20)	非空/缺省''	普通索引(class_classname)	类别名称
补充说明				

表11-4 文章表（bro_article）

表　名	bro_article用于保存文章信息，表引擎为MyISAM类型，字符集为UTF-8			
列　名	数据类型	属　性	约束条件	说　明
id	int(11)	无符号/非空/自动增长	主键	文章编号
cid	int(11)	无符号/非空/缺省0	外键/普通索引(article_cid)	类别编号
title	varchar(50)	非空/缺省''	普通索引(article_title)	文章标题
summary	varchar(500)	非空/缺省''		导读
posttime	varchar(20)	非空/缺省'0-0-0'		添加时间
uid	int(11)	无符号/非空/缺省0	外键/普通索引(article_uid)	操作用户编号
picname	varchar(50)	非空/缺省''	普通索引(article_picname)	文章配图名字
remark	varchar(100)	非空/缺省''		备注
author	tinyint(1)	无符号/非空/缺省0	普通索引(article_author)	作者
content	text	非空		文章内容
lable	varchar(50)	非空/缺省''	普通索引(article_lable)	标签
lastmodtime	varchar(20)	非空/缺省'0-0-0'		最后一次编辑时间
views	smallint(5)	无符号/非空/缺省0		访问次数
补充说明	用户编号：使用这个字段关联用户 类别编号：使用这个字段关联文章所属的类别 标签：文章的关键字，不同关键字之间使用,隔开 作者：有3个值，0-博主/1-投稿/2-转载 引用链接：当作者为转载时，在这里添加外部链接			

表11-5 评论表（bro_comment）

表　名	用于保存用户评论记录，表引擎为MyISAM类型，字符集为UTF-8			
列　名	数据类型	属　性	约束条件	说　明
id	int(11)	无符号/非空/自动增长	主键	评论编号
aid	int(11)	无符号/非空	外键	文章id
nick	varchar(20)	非空/缺省''		用户名称
email	varchar(60)	非空/缺省''		邮箱
referid	int(11)	无符号/非空/缺省0		引用评论编号
ctime	varchar(20)	非空/缺省'0-0-0'		评论时间
content	text	非空		评论内容
补充说明	邮箱：当评论有回复时，使用此邮箱通知用户			

表11-6 公告表（bro_announce）

表　名	bro_announce用于保存公告记录，表引擎为MyISAM类型，字符集为UTF-8			
列　名	数据类型	属　性	约束条件	说　明
id	int(11)	无符号/非空/自动增长	主键	公告编号
content	text	非空/缺省''		公告内容
starttime	int(10)	无符号/非空/缺省0	普通索引(announce_starttime)	启用时间

续 表

表　名	bro_announce用于保存公告记录，表引擎为MyISAM类型，字符集为UTF-8			
列　名	数据类型	属　性	约束条件	说　明
endtime	int(10)	无符号/非空/缺省0	普通索引(announce_endtime)	结束时间
display	smallint(1)	无符号/非空/缺省1	普通索引(announce_display)	显示状态
补充说明	显示状态：有两个可用值，1为显示，0为不显示			

表11-7　网站访问量统计表（bro_viewcount）

表　名	用于保存网站访问量，表引擎为MyISAM类型，字符集为UTF-8			
列　名	数据类型	属　性	约束条件	说　明
id	int(11)	无符号/非空/自动增长	主键	编号
date	int(11)	无符号/非空/缺省0	普通索引(viewcount_date)	时间
pvs	int(11)	无符号/非空/缺省0	普通索引(viewcount_pvs)	PV量
uvs	int(11)	无符号/非空/缺省0	普通索引(viewcount_uvs)	UV量
补充说明	时间格式为：年-月-日，每天统计一次PV和UV			

任务11.3　城易网

任务描述

　　学校每学期都会举办跳蚤市场这样的活动，但此活动的举办往往受到多方面的限制，因此创建一个供学生发布供需信息、自由买卖东西的二手交易平台就显得很有必要。城易网是给本校学生提供一个买卖东西的网上平台，有需要的学生在网上看到喜欢的物品可以联系卖家，然后到宿舍当面交易，也可以提供送货上门；而信息发布则为发布物品信息、失物招领、兼职信息、志愿者招募信息等。网站主要针对本校学生，后期也可以向同区域高校范围发展，因此命名为城易网。网站框架：TP（thinkphp）。

任务实施与测试

1. 系统整体设计

系统功能模块如图 11-30 所示。

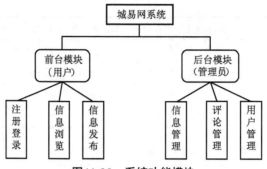

图11-30　系统功能模块

1）前台功能

（1）注册登录

每个 IP 只能注册一个用户，用户可以根据密保问题来修改密码和找回密码，用户登录后才可以发布信息，评论与回复信息。

（2）信息浏览

用户不用登录也可以浏览网站中的信息，但是只有登录后才可以评论与回复。

（3）信息发布

普通会员每天只能发布三条信息，等级越高可发布的条数越多，发布的信息可以删除、更改。

（4）等级

用户每天登录会有 1 点积分，用户完成一次交易会有 5 点积分，积分越高可发布的信息越多。

（5）交易

用户在网站上与卖家锁定交易后，进行面对面交易，用户确定交易成功可以获得积分（锁定交易后，如果交易失败，用户可以解锁交易）。

2）后台功能

只有拥有管理员权限才可以登录后台系统，否则会自动转到前台首页。

（1）用户管理

可对用户信息进行添加、修改、设置用户状态等操作。

（2）信息管理

可对用户发布的信息进行分类、审核、删除。

（3）评论管理

可对用户的评论内容和回复内容进行查看、审核、删除。

2．数据库设计

城易网系统主要涉及 12 张数据表。

（1）用户注册表：用户 uid、用户名、密码、手机号、短号、QQ、邮箱（作为密保）、注册时间，如表 11-8 所示。

表11-8　用户注册表

列　　名	数据类型	长　度	主　　键
id	Int	10	是
uid	Int	10	否
username	varchar	10	否
Password	Varchar	10	否
Phone	Varchar	11	否
shortPhone	Varchar	11	否
QQ	Varchar	20	否
Email	Varchar	50	否
Time	Datetime	20	否

（2）管理员表：管理员 uid、用户名、密码、密保（邮箱），如表11-9 所示。

表11-9　管理员表

列　　名	数据类型	长　度	主　　键
Id	Int	10	是
Uid	Int	10	否
Admin	Varchar	10	否
Password	Varchar	10	否
Email	Varcahr	25	否

（3）信息表：信息标题、信息内容、发布时间、发布人 ID、手机、短号、QQ、图片（最多4张）、类型（新品或二手）、属性（如手机、电脑），如表11-10 所示。

表11-10　信息表

列　　名	数据类型	长　度	主　　键
Id	Int	10	是
Title	Varchar	50	否
Content	Varchar	500	否
Time	Varchar	20	否
Uid	Int	10	否
phone	Varchar	20	否
Shorephone	Varchar	10	否
QQ	Varchar	20	否
Image1	Varchar	50	否
Image2	Varchar	50	否
Image3	Varchar	50	否
Image4	Varchar	50	否
Type	Varchar	20	否
Property	Varchar	20	否

（4）信息分类表：类别名、类别 ID，如表 11-11 所示。

表11-11 信息分类表

列　　名	数据类型	长　　度	主　　键
Id	Int	10	是
Type_id	Int	10	否
Type	Varchar	50	否

（5）信息属性表：属性名、属性 ID，如表 11-12 所示。

表11-12 信息属性表

列　　名	数据类型	长　　度	主　　键
Id	Int	10	是
pro_id	Int	10	否
Property	Varchar	50	否

（6）信息交易表：商品 ID、卖家 ID、买家 ID、交易时间，如表 11-13 所示。

表11-13 信息交易表

列　　名	数据类型	长　　度	主　　键
Id	Int	10	是
Sp_id	Int	10	否
Uid	Int	10	否
M_uid	Int	10	否
time	Varchar	25	否

（7）失物招领表：发布人 ID、发布内容、发布时间，如表 11-14 所示。

表11-14 失物招领表

列　　名	数据类型	长　　度	主　　键
Id	Int	10	是
Uid	Int	10	否
content	varchar	500	否
Time	Varchar	25	否

（8）评论表：评论人 bc_id、被评论人 uid、评论内容、信息 new_id、评论时间，如表 11-15 所示。

表11-15 评论表

列　　名	数据类型	长　　度	主　　键
Id	Int	10	是
Uid	Int	10	否
Bc_id	Int	10	否
new_id	Int	10	否
Content	Varchar	500	否
time	Varchar	20	否

（9）回复表：回复人 re_uid、评论人 bc_id、回复内容 re_content、评论内容 com_Id、信息 new_id、时间，如表 11-16 所示。

表11-16 回复表

列 名	数据类型	长 度	主 键
Id	Int	10	是
Re_uid	Int	10	否
Bc_id	Int	10	否
Re_content	Varchar	500	否
Com_id	Int	10	否
New_id	Int	10	否
Time	Varchar	20	否

（10）用户登录表：用户名、用户 uid、登录次数、等级、登录时间、登录 IP，如表 11-17 所示。

表11-17 用户登录表

列 名	数据类型	长 度	主 键
Uid	Int	10	是
Username	Varchar	20	否
Count	Int	10	否
Rank	Varchar	20	否
Time	Varchar	20	否
IP	Varchar	25	否

（11）留言表：用户名、用户 uid、留言内容、留言时间，如表 11-18 所示。

表11-18 留言表

列 名	数据类型	长 度	主 键
Id	Int	10	是
Uid	Int	10	否
Username	Varchar	25	否
Time	Varchar	25	否
Content	Varchar	500	否

（12）回复留言表：回复人、回复人 content_id、回复内容、回复时间，如表 11-19 所示。

表11-19 回复留言表

列 名	数据类型	长 度	主 键
Id	Int	10	是
Re_id	Int	10	否
re_name	Varchar	25	否
Re_content	Varchar	500	否
Re_time	Varchar	25	否

3. 主要功能设计

（1）首页

当页面往下拉时会出现两个按钮，这两个按钮分别是回顶部与回底部的按钮，当单击向上的箭头时，就会回到顶部，单击向下的箭头就会直接到底部。首页效果图如图11-31所示。

图11-31　首页效果图

（2）底部LOGO

整个网站采用橙色作为主色调，LOGO的设计就用其他对比色来设计，这样就不再显得单调，也更能吸引人。其次，在网页整体的布局方面，网站整体都安排得比较饱满，为了避免"头重脚轻"，头部跟尾部不协调，将尾部内容增加，最后的效果就比较好。底部LOGO效果图如图11-32所示。

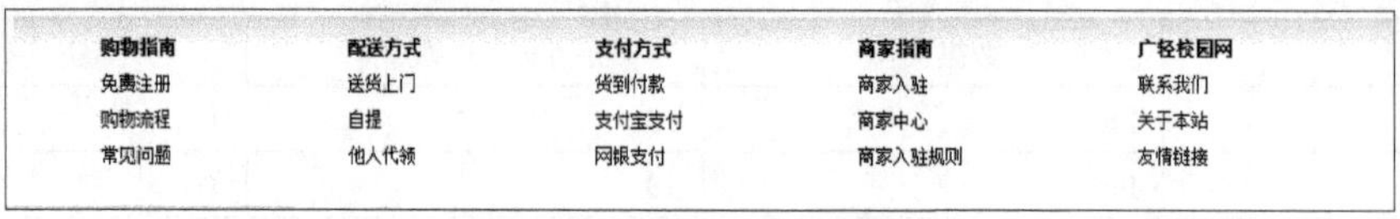

图11-32　底部LOGO效果图

（3）公告与广告排行

站内公告使用JQuery实现自动向上滑动的效果。而排行则通过后台的交易量进行自动排行，交易量最高的自动排到第一位，后面的就顺延。如图11-33所示，中间广告轮播也是使用JS代码来实现自动播放的，代码如下。

图11-33　公告与广告排行效果图

```
/*代码11-1  轮播关键JS代码段*/
$(function(){
$("#KinSlideshow").KinSlideshow();
});


$(function(){
$("#updown").css("top",window.screen.availHeight/2-100+"px");
$(window).scroll(function() {
    if($(window).scrollTop() >= 100){
        $('#updown').fadeIn(300);
    }else{
        $('#updown').fadeOut(300);
    }
});
$('#updown .up').click(function(){$('html,body').animate({scrollTop:
'0px'}, 800);});
$('#updown .down').click(function(){$('html,body').animate({scrollTop:
document.body.clientHeight+'px'}, 800);});
});
```

（4）用户注册密码检验

注册时所填写的信息都是马上进行检测的，如果用户名相同就会有提示，如果邮箱格式不正确就提示输入正确的邮箱格式。对密码强度的检测，会随着输入的密码长度、大小写来提示密码的强弱。

```
/*代码11-2  用户名检测代码段*/
//--------------用户名检测--------------------//
function ck_user(result)
{
  if ( result == "true" )
  {
    document.getElementById('username').className = "FrameDivWarn";
    showInfo("username_notice",msg_un_registered);
    change_submit("true");           //禁用提交按钮
  }
  else
  {
    document.getElementById('username').className = "FrameDivPass";
    showInfo("username_notice",msg_can_rg);
    change_submit("false");          //可用提交按钮
  }
}

function checks(t){
    szMsg="[#%&'\",;:=!^@]";
     //alertStr="";
    for(i=1;i<szMsg.length+1;i++){
```

```
        if(t.indexOf(szMsg.substring(i-1,i))>-1){
          //alertStr="请勿包含非法字符如[#_%&'\",;:=!^]";
          return false;
        }
      }
    return true;
    }
/*代码11-3  EMAIL检测代码段*/
//-----------EMAIL检测-----------------------------//
function checkEmail(email)
{
 if (chekemail(email.value)==false)

  {
    email.className = "FrameDivWarn";
    showInfo("email_notice",msg_email_format);
    change_submit("true");
  }

else
    {
    showInfo("email_notice",info_right);
    email.className = "FrameDivPass";
    change_submit("false");
    }
}

function chekemail(temail) {
 var pattern = /^[\w]{1}[\w\.\-_]*@[\w]{1}[\w\-_\.]*\.[\w]{2,4}$/i;
 if(pattern.test(temail)) {
  return true;
 }
 else {
  return false;
 }
}
/*代码11-4  检测密码强度代码段*/
function check_password( password )
{
    if ( password.value.length < 6 )
    {
        showInfo("password_notice",password_shorter_s);
        password.className = "FrameDivWarn";
        change_submit("true");//禁用提交按钮
    }
    else if(password.value.length > 30){
```

```
            showInfo("password_notice",password_shorter_m);
            password.className = "FrameDivWarn";
            change_submit("true");          //禁用提交按钮
            }
    else
    {
            showInfo("password_notice",info_right);
            password.className = "FrameDivPass";
            change_submit("false");         //允许提交按钮
    }
}

function check_conform_password( conform_password )
{
    password = document.getElementById('password').value;

    if ( conform_password.value.length < 6 )
    {
            showInfo("conform_password_notice",password_shorter_s);
            conform_password.className = "FrameDivWarn";
            change_submit("true");          //禁用提交按钮
            return false;
    }
    if ( conform_password.value!= password)
    {
            showInfo("conform_password_notice",confirm_password_invalid);
            conform_password.className = "FrameDivWarn";
            change_submit("true");          //禁用提交按钮
    }
    else
    {
            conform_password.className = "FrameDivPass";
            showInfo("conform_password_notice",info_right);
            change_submit("false");         //允许提交按钮
    }
}
//* *-------------------检测密码强度--------------------------* *//

function checkIntensity(pwd)
{
  var Mcolor = "#FFF",Lcolor = "#FFF",Hcolor = "#FFF";
  var m=0;

  var Modes = 0;
```

```
for (i=0; i<pwd.length; i++)
{
  var charType = 0;
  var t = pwd.charCodeAt(i);
  if (t>=48 && t <=57)
  {
    charType = 1;
  }
  else if (t>=65 && t <=90)
  {
    charType = 2;
  }
  else if (t>=97 && t <=122)
    charType = 4;
  else
    charType = 4;
  Modes |= charType;
}

for (i=0;i<4;i++)
{
  if (Modes & 1) m++;
    Modes>>>=1;
}

if (pwd.length<=4)
{
  m = 1;
}

switch(m)
{
  case 1 :
    Lcolor = "10px solid red";
    Mcolor = Hcolor = "10px solid #DADADA";
  break;
  case 2 :
    Mcolor = "10px solid #f90";
    Lcolor = Hcolor = "10px solid #DADADA";
  break;
  case 3 :
    Hcolor = "10px solid #3c0";
    Lcolor = Mcolor = "10px solid #DADADA";
  break;
```

```
      case 4 :
        Hcolor = "10px solid #3c0";
        Lcolor = Mcolor = "10px solid #DADADA";
      break;
      default :
        Hcolor = Mcolor = Lcolor = "";
      break;
    }
    document.getElementById("pwd_lower").style.borderBottom  = Lcolor;
    document.getElementById("pwd_middle").style.borderBottom = Mcolor;
    document.getElementById("pwd_high").style.borderBottom   = Hcolor;

}
```

案例的详细代码可参见下载资源。

参 考 文 献

[1] 明日科技 . PHP 从入门到精通 . 北京：清华大学出版社，2013

[2] 孔祥盛 . PHP 编程基础与实例教程 . 北京：人民邮电出版社，2012

[3] 李志文 . 案例精通 Dreamweaver 与 PHP&MySQL 整合应用 . 北京：电子工业出版社，2009

[4] 张兵义，张连堂 . PHP+MySQL+Dreamweaver 动态网站开发实例教程 . 北京：机械工业出版社，2012

[5] 杨聪 . Dreamweaver CS5 网页设计案例实训教程 . 北京：科学出版社，2011

[6] 邹天思，潘凯华，刘中华 . PHP 网络编程自学手册 . 北京：人民邮电出版社，2008

[7] 许登旺，邹天思，潘凯华 . PHP 程序开发范例宝典 . 北京：人民邮电出版社，2007